U0135078

NO RULES RULES

零規則

**高人才密度×完全透明×最低管控，
首度完整直擊 Netflix 圈粉全球的關鍵祕密**

里德‧海斯汀 REED HASTINGS
艾琳‧梅爾 ERIN MEYER ————著

韓絜光——譯

Netflix and the Culture
of Reinvention

目錄

前言　　　沒有規則，就是唯一規則　　　　　　　　　004

▶　第一部　　**開始邁向自由與責任的文化**

1　│　累積人才密度
　　　　有頂尖的同事，才有一流的工作環境　023

2　│　鼓勵誠實敢言
　　　　以正面動機，說出你的真心話　　　035

3　│　開始減少控制
　　　　a 刪除休假規定　　　　　　　　　067
　　　　b 廢除差旅和費用規定　　　　　085

▶　第二部　　**加速推展自由與責任的文化**

4　│　強化人才密度
　　　　拿出業界最高薪資　　　　　　　107

5　│　增進誠實敢言
　　　　把一切攤在陽光下　　　　　　　137

6　│　放寬更多控制
　　　　決策不必上級核准　　　　　　　167

▶ 第三部　　持續深化自由與責任的文化

7　人才密度最大化
　　　留任測試　　　209

8　誠實敢言最大化
　　　建立回饋循環　　　235

9　去除大部分控制
　　　充分資訊，放心授權　　　255

▶ 第四部　　NETFLIX 文化走向全球

10　走向全世界　　　291

結語　　改組一支爵士樂隊吧　　　321

謝辭　　　327

參考資料　　　329

前言

沒有規則，就是唯一規則

里德・海斯汀：「百視達規模是我們的一千倍。」
2000 年初在德州達拉斯，我和馬克・藍道夫
（Marc Randolph）踏進文藝復興大廈二十七樓
一間開闊的會議室，我在他耳邊小聲說。這裡
是百視達的總部。當時百視達是市值六十億美元的企業巨人，
稱霸家庭娛樂事業，在全球有近九千家出租店。

百視達的執行長約翰・安提奧科（John Antioco）是高明
的謀略家，他深知無所不在的超高速網際網路將會顛覆這個產
業，所以那一天很熱情地歡迎我們。他蓄著花白的山羊鬍，身
穿名貴的西裝，看上去輕鬆自在。

相比之下，我才是那個緊張的人。我和馬克合資創業，經
營的小公司才兩歲，我們提供顧客上網選租 DVD，再利用美
國郵政服務把光碟配送到府。那時我們只有一百名員工，訂戶
只有三十萬人，起步維艱。單單那一年，我們總計就賠了五千

七百萬美元。我們急欲談攏這筆生意，斡旋了好幾個月，終於等到安提奧科的回電。

我們圍著一張大玻璃桌坐下來，客氣寒暄了幾分鐘，馬克和我便開始提案。我們提議由百視達買下 Netflix，日後由我們架設並經營「百視達.com」，作為他們的線上影音出租部門。安提奧科聽得很專心，中間不時點頭，最後他問我們：「百視達買下 Netflix 要出多少錢？」我們回答五千萬美元，他一聽，二話不說就拒絕了。我和馬克垂頭喪氣地離開。

那天晚上，我爬上床閉上眼睛，腦中浮現百視達的六萬名員工聽到我們這個荒唐的提案之後，集體捧腹大笑的畫面。像百視達這樣勢力龐大的企業，有數以百萬的顧客、龐大的收益、能幹的執行長，品牌幾乎與家庭電影劃上等號，怎麼會對學也學不像的 Netflix 感興趣？我們能提供的東西，他們自己就能更有效率地做到。

不過，世界慢慢在轉變，我們的事業也逐漸站穩腳步，開始成長。2002 年，那一次會面的兩年後，Netflix 公開上市了。雖然我們有成長，但百視達依舊比我們大上百倍（五十億美元對上五千萬美元）。況且百視達隸屬於維亞康姆（Viacom）傳媒集團，是當時全球市值最高的媒體企業。但是到了 2010 年，百視達宣布破產。2019 年，只剩下美國俄勒岡州的班德市（Bend）的最後一間百視達出租店。百視達沒能跟上影碟出租轉成線上串流的趨勢。

2019 年對 Netflix 來說也值得銘記。我們製作的電影《羅馬》（Roma）獲奧斯卡提名最佳影片且抱回三座獎項，不只是導演艾方索・柯朗（Alfonso Cuarón）生涯的里程碑，也顯

示 Netflix 已經長成一家有實力的娛樂公司。我們很早之前就從郵遞影碟公司逐漸轉型成線上串流服務，到現在更成為自產影集和電影的大型製片公司，在全球一百九十個國家與地區有超過一億六千七百萬名訂戶。我們何其榮幸，能與全世界多位傑出的創作者合作，包括珊達‧萊姆絲（Shonda Rhimes）、柯恩兄弟喬埃和伊森（Joel & Ethan Coen），以及馬丁‧史柯西斯（Martin Scorsese）。我們創造了一種全新的觀看及享受精彩故事的方式，在最佳狀態下，能夠打破藩籬，讓生活更豐富充實。

常有人問我：「這是怎麼辦到的？為什麼 Netflix 能三番兩次適應新趨勢，百視達卻做不到？」我們前往達拉斯的那一天，百視達握有一手好牌。他們有品牌，有財力，有資源，也有願景，輕而易舉就能打敗我們。

那時候就連我也看不太出來，但我們擁有百視達沒有的優勢：我們的企業文化強調「以人為本」（people over process）、強調創新勝過效率，而且我們的規定很少。Netflix 的企業文化強調集中人才，追求最高表現，以「充分資訊、放心授權」（context not control）的方式帶領員工，我們也因此能因應周遭環境的變遷，以及訂戶需求的轉變，持續不斷地成長改變。

Netflix 不同的是，我們的規則就是，沒有規則。

Netflix 企業文化很奇特

艾琳·梅爾：企業文化有時候就像糊糊的沼澤，充斥著模稜兩可的詞彙和曖昧不全的定義。更糟的是，所謂的品牌內涵，很少符合人們在現實中的行為模式，宣傳海報或企業年度報告中華而不實的口號，往往淪為空話。

一家美國首屈一指的大企業，多年來在總部大廳驕傲宣示下列公司價值：「誠信。溝通。尊重。卓越。」這是哪一家企業呢？是安隆能源（Enron）。安隆一直到爆出史上最大宗的企業詐欺與貪汙醜聞，進而破產倒閉時，都還在吹噓公司的崇高理念。

相較之下，Netflix 文化以絕對誠實出名——或者有些人會說是惡名昭彰。有上百萬名商業人研究過「Netflix 文化簡報」（Netflix Culture Deck），那是 Netflix 於 2009 年製作的 127 張投影片，原本只打算供內部使用，但是里德在網路上廣發分享。據說，Facebook 營運長桑德伯格（Sheryl Sandberg）曾說，Netflix 文化簡報「可能算是矽谷歷來最重要的文件。」我欣賞 Netflix 文化簡報的誠實，但我不喜歡它的內容。

原因從下一頁的例子就能看出來。

**如同每一家公司
我們想找優秀人才**

NETFLIX

不同於許多公司
我們奉行：

**表現平庸的員工
會領到優厚的資遣費**

NETFLIX

某些人應該立刻拿資遣費走人
我們才能開出空缺，找到適任的人才

**主管運用的「留任測試」：
The Keeper Test**

我手下有哪幾個人
萬一向我遞辭呈
想跳槽同業
我會極力挽留？

NETFLIX

　　姑且不談解雇努力工作但表現不夠優秀的員工是否合乎道德，這幾張投影片的問題在於依我看來，這完全是一種拙劣的管理，違反了哈佛商學院教授艾美・艾德蒙森（Amy Edmondson）稱為「心理安全」的原則。艾德蒙森在她 2018 年的著作《心理安全感的力量》（*The Fearless Organization*）中解釋，想鼓勵創新，就該營造一個令眾人安心的環境，讓人敢於夢想、抒發己見及承擔風險。環境的氛圍愈安全，就會有愈多創新。

　　顯然 Netflix 裡沒人讀過這本書。追求聘用頂尖人才，然後對這群優秀的員工灌輸恐懼，警告他們要是表現不夠優異，就會被扔到「可以拿到優厚資遣費」的廢物堆？這種做法聽起來註定會扼殺創新。

　　這是他們另一張投影片：

Netflix 的休假規定與紀錄

「沒有規定，也不必紀錄」

Netflix 沒有服裝規定
但沒人會裸體上班

我們學到：不必凡事都要規定

NETFLIX

　　不規定員工休假天數，看起來很不負責任，更容易創造出血汗工作環境，因為誰也不敢請一天假，也不敢提前下班。

　　能休假的員工比較快樂，比較樂於工作，生產力也比較

高。但是很多員工雖然有特休假卻不敢休。2017 年，根據求職網站 Glassdoor 調查，美國員工平均只用掉 54％的特休假。

假如徹底取消特休假的規定，員工主動休假的時數可能更少。這是因為人都有一種心理學家稱為「損失規避」（loss aversion）的行為。有充分研究顯示，比起獲得新的東西帶來的快樂，我們更討厭失去原本擁有的東西。當我們面臨可能失去某樣東西時，就會竭盡所能避免失去。所以我們會用掉被分配到的特休假天數。

可是當你沒有被規定特休假天數，你就不怕失去那些休假，反而也比較不傾向休假。「不用即是浪費」的原則，深植於許多傳統規定當中，聽起來像是限制，但其實可以鼓勵員工休假。

這是最後一張投影片：

絕對誠實

Honesty Always

身為領導者
團隊裡的每個人
都應該清楚你的想法

NETFLIX

當然，沒有人會公開支持職場應該建構在祕密與謊言之上。但有些時候，善用圓滑的說詞，會比直言不諱來得好——比方說，當某個團隊成員慌張失措，需要有人提振士氣或給予

他信心的時候，大家都能接受「適當誠實」。但「絕對誠實」這麼概括性的政策，聽起來似乎反而會破壞人際關係、壓垮動力、形成不愉快的工作環境。

總之，Netflix 文化簡報給我一種太陽剛、太顛覆，且過於激進的印象——讓人想像這可能是一個對人性抱持機械理性觀的工程師會打造出來的公司。

但儘管我心存諸多懷疑，有個事實卻不容否認……

Netflix 非比尋常的成功

2019 年，Netflix 上市 17 年後，股價已從一美元漲至三百五十美元。相較之下，在 Netflix 上市時如果投資一美元於標普 500 或納斯達克指數，經過 17 年只會成長到三至四美元。

不只股市愛 Netflix，消費者和評論家也愛。Netflix 的原創節目，如《勁爆女子監獄》（*Orange Is the New Black*）和《王冠》（*The Crown*），都成為近十年來最受觀眾喜愛的劇集，《怪奇物語》（*Stranger Things*）更可能是全球最多人觀看的電視影集。非英語影集，例如西班牙的《菁英殺機》（*Élite*）、德國的《闇》（*Dark*）、土耳其的《魔衫戰士》（*The Protector*）和印度的《神聖遊戲》（*Sacred Games*），不僅拉高各自國家故事編劇的水準，也造就了新一代的國際明星。在美國，Netflix 過去幾年來獲艾美獎提名逾三百項，也抱走多座奧斯卡金像獎。除此之外，Netflix 獲得金球獎十七項提名，比其他任何電視聯播公司或線上串流服務都來得多，2019 年更在聲譽研究所

（Reputation Institute）的全國年度排名中，奪下美國聲譽最高公司的冠軍寶座。

員工也愛 Netflix。2018 年 Hired 進行的調查顯示，科技業上班族將 Netflix 評為最嚮往的公司第一名，擊敗第二名的 Google，伊隆‧馬斯克（Elon Musk）的特斯拉（Tesla）排名第三，蘋果電腦（Apple）僅排第六名。在 2018 年的另一項「員工滿意度」排名中，Comparably 網站彙整了美國四萬五千家大企業員工的匿名評論，Netflix 在數千家公司中，員工滿意度名列第二（僅落後麻州劍橋的軟體公司 HubSpot）。

最有趣的是，不同於大多數企業容易被產業轉型淘汰，Netflix 在短短十五年內，歷經四次娛樂及商業環境的重大轉型，都能成功應對：

- 從郵寄到串流：從郵遞影音光碟，到網路串流舊的電視影集和電影。
- 從播舊片到新內容：從串流舊有內容，到發布外部片廠製作全新原創內容，如《紙牌屋》（*House of Cards*）。
- 從買版權到內部自製：從買下授權提供外部片廠製作的內容，到建立內部自有片廠，製作出獲獎影集和電影，如《怪奇物語》、《紙房子》（*La Casa De Papel*）和《西部老巴的故事》（*The Ballad of Buster Scruggs*）。
- 從美國到全球：從美國公司變成全球企業，為一百九十個國家與地區的人帶來娛樂。

Netflix 的成就超乎尋常，令人稱奇。很顯然有某些不凡的事正在發生，然而這些事在 2010 年百視達宣布破產之前，卻沒發生在他們身上。

不一樣的風氣

百視達的故事不是特例。多數企業會在所屬產業面臨轉型時被淘汰。柯達跟不上紙本照片轉為數位的發展。諾基亞跟不上折疊手機轉型為智慧型手機的發展。AOL 美國線上公司跟不上撥接上網轉型至寬頻上網的發展。我自己的第一家軟體公司 Pure Software，也沒能跟上自身產業的變遷，可能是因為公司文化不利於創新與缺乏靈活彈性。

我在1991年成立 Pure Software。創業之初，公司氣氛很好。我們只有十來個人，每天打造新的事物，而且樂在其中。跟很多小型新創事業一樣，我們沒什麼限制員工行為的規定或政策。如果行銷同事想在家裡餐桌工作，因為隨時都能吃早餐穀片可以幫助思考，他可以不必徵求管理部門核准。當採購同事看到歐迪辦公用品（Office Depot）在清倉特賣，想買十四張豹紋辦公椅給同事坐，她也不必填寫採購單或經財務長同意。

Pure Software 逐漸成長，增聘新員工，開始有些人會犯錯，導致公司賠錢。每次發生這種事，我就只好新增一條規定，防止相同錯誤再發生。例如，Pure Software 的業務馬修，有一次到華盛頓特區出差拜訪一位潛在客戶。客戶住宿在五星級的威拉德洲際飯店，所以馬修也住了……一晚七百美元。我知道以後，心情鬱悶。我請人資同事擬定一份出差規章，大略規範員工搭機、用餐和住宿能花費的金額上限，超過指定的開支額度就須經過管理部門核准。

我們的財務專員席拉有一隻黑貴賓犬，她偶爾會帶來上班。有一天，我進公司後發現，狗狗把會議室地毯咬出一個大洞。更換地毯就花了不少錢。於是我又制定了一條新規定：未經人資部門特別准許，不能帶狗上班。

規章制度和流程控管在工作中變得如此必要，久而久之，擅長遵循規範的員工得到升遷，許多有無窮靈感但特立獨行的人卻覺得綁手綁腳，跳槽去其他地方了。我看到他們離開，心裡十分遺憾，但當時的我以為這是公司成長的必經之痛。

後來發生了兩件事。首先是我們創新得太慢。我們的效率的確愈來愈高，但創意卻愈來愈少。為了繼續成長，我們必須買下其他擁有創新產品的公司，但這又使生意往來更加複雜，進而衍生出更多規定和程序。

再來，市場使用的程式語言從 C++ 轉變為 Java。我們要生存，就必須改變。但我們用人及訓練員工的方式已變成偏重遵守既有流程，而非自由發想或臨機應變。我們沒有適應新趨勢的能力，結果在 1997 年，必須把公司賣給我們最大的競爭對手。

創立下一家公司，也就是 Netflix 以後，我希望提倡靈活彈性、員工自由和創新，不再執著於防範錯誤和堅守規定。同時我也明白，公司在成長時，如果沒有管理規章或控管程序，組織很容易陷入混亂。

經過循序漸進的演化，多年下來在錯誤中學習，我們終於找出了一套實踐方法。比起制定規則、不容許員工自主判斷，給予員工更多自由，他們反而能做出更好的決定，也更能當責。如此一來，不僅同仁比較快樂、更有動力，公司也會比較

敏捷。但要建立能夠容許這種自由度的基礎，首先必須強化兩項條件：

＋ 累積人才密度

　　大多數公司制定公司規定和管理程序，通常是為了處理懶散、不專業或不負責任的員工。只要避免雇用或適時開除這樣的人，就不需要規定了。你所建立的組織，如果全都由工作能力強的人組成，就能省去大多數的控管。人才愈密集，你能給予的自由愈多。

＋ 倡行誠實敢言

　　優秀的員工之間有很多地方可以互相學習。正常人際之間的禮節往往會讓員工不敢給彼此必要的回饋，互相給予回饋，才能讓工作表現更上一層樓。如果優秀人才養成回饋的習慣，不只手上的工作會做得更好，無形中也會漸漸願意為彼此負責，更減少傳統管理規範的必要。

　　以上兩個條件到位之後，你就可以……

－ 減少控制

　　從撕掉員工手冊的某幾頁做起。出差規定、報帳規定、休假規定──這些都可以刪掉了。接下來，隨著人才愈漸密集、回饋愈來愈頻繁且誠實之後，你就可以刪除組織內部的核准程序，教授主管「充分資訊，放心授權」等原則，也給員工一些大方向，例如「不必討好上司。」

　　最棒的是，在你開始培養這樣的風氣以後，自然而然會出

現正向循環。除去控制，能創造一種「自由與責任」（Freedom and Responsibility）的風氣（Netflix 的員工太常用到這兩個詞，現在乾脆簡稱「F&R」），這種風氣又會吸引到更多優秀人才，控制也就更有可能減少。如此發展下去，公司的效率和創新都會達到多數公司追不上的程度。但你不可能一次就做到位。

本書的前面九章闡述這套三步驟執行法，總共有三個循環，每個循環構成一部。第十章則會討論當我們開始把企業文化帶到不同文化的各個國家，會發生什麼事——帶來了許多有趣且重要的新考驗。

當然，任何實驗都有成也有敗。在 Netflix 的生活，就像現實人生一樣，比右頁的龍捲風狀圖表更複雜一些。因此我才想請外部人士來研究我們的文化，與我共同寫這本書。我希望由一位中立的專家，仔細審視我們的企業文化每一天在公司內究竟如何運作。

我想到艾琳·梅爾，我不久前剛拜讀完她的著作《文化地圖》（*The Culture Map*）。艾琳是巴黎市郊 INSEAD 商學院的教授，獲得 Thinkers50 年度大會選為全球最具影響力的商管思想家。她經常為《哈佛商業評論》（*Harvard Business Review*）寫關於職場文化差異的研究。我從她的書中得知，她在十年前也曾到南非擔任和平工作團（Peace Corps）的志願教師。於是我寫了一封郵件給她。

第一階段

累積人才密度，打造高績效團隊
鼓勵誠實敢言，鼓勵多多回饋
開始放鬆控制，例如休假、出差和報帳規定

第二階段

強化人才密度，給予業界最高薪資
增進誠實敢言，強調組織透明化
放鬆更多控制，例如決策核准程序

第三階段

人才密度最大化，實行留任測試
誠實敢言最大化，建立回饋圈
去除大部分控制，充分資訊，
放心授權

2015 年 2 月，我在《赫芬頓郵報》（*Huffington Post*）讀到一篇文章，標題為〈Netflix 成功的一大原因：把員工當大人對待〉，文章中說道：

> Netflix 認定員工擁有良好的判斷力……想解決模稜兩可的棘手問題，幾乎全都要靠判斷力，而不是標準程序。
>
> 　另一方面，……Netflix 期待員工有超高工作表現，否則很快就會被請出門（但附上優厚的資遣費）。

　我因此感到好奇，想知道一個組織如何在現實運作中落實上述的做法。缺少管理程序理應會造成大混亂，員工只要沒有超高表現就會被請出門，也應該會引發恐懼才對。

　沒想到過了幾個月，我一覺醒來，在收件匣發現這封信：

寄件人：里德・海斯汀

日期：2015 年 5 月 31 日

主旨：和平工作團與書

艾琳，

我參加過史瓦濟蘭和平工作團（1983 年到 85 年）。我現在是 Netflix 執行長。我很喜歡你的書，公司所有主管都在共讀這本書。

我很常去巴黎，希望有機會見面喝杯咖啡。

世界真小！

里德

里德和我因此認識，後來他提議由我採訪 Netflix 的員工，直接觀察 Netflix 文化的真實面貌，順便收集資料和他合寫一本書。這是個好機會，我可以了解這樣的一家公司，企業文化違反了所有我們認知的心理學、商業和人性行為，為何能有如此不凡的成績。

我前往矽谷、好萊塢、聖保羅、阿姆斯特丹、新加坡和東京，總共採訪了兩百多位現任及前 Netflix 員工，與每個層級的員工談話，上至高層主管，下至行政助理。

Netflix 基本上不吃匿名這一套，但我堅持所有員工都可以選擇是否要匿名受訪。選擇匿名的人在本書中會以化名替代。不過，忠實反映出 Netflix「絕對誠實」的文化，很多人樂於分享形形色色關於自己或上司的看法及故事，哪怕內容令人詫異，有時甚至不中聽，他們也不畏具名。

固守現狀已行不通

賈伯斯在他著名的史丹佛大學畢業致詞說：「你看著前方，不可能預見那些點會如何串連；你只有在回顧時，才能串連那些點。所以，你必須相信每一個點，遲早會和你的未來形成關聯。你必須相信──相信直覺、天命、人生、因果輪迴，相信什麼都行。這個方法從未讓我失望，也造就我人生中所有的與眾不同。」

賈伯斯並不孤單。英國維珍集團董事長布蘭森爵士（Sir Richard Branson）據說有「A-B-C-D」四字箴言，原句是「時

刻尋找點與點之間的關聯」（Always be connecting the dots）。大衛・布瑞爾（David Brier）與《快公司》（*Fast Company*）雜誌也發布了一支啟發人心的影片，闡述我們用什麼方式連結生命中的各個小點，會決定我們如何看待現實，進而影響我們所做的決策與我們得出的結論。

重點在於鼓勵大眾去思考自己慣以什麼方式串連經驗點。在大多數組織裡，大家多是依行之有年的方法串連經驗點，所以多是維持現狀。但若有一天出現一個用不同方法連連看的人，將能對世界帶來全新的理解。

這就是發生在 Netflix 的現象。里德雖然經歷 Pure Software 的挫敗，但他的二度嘗試也不是一開始就想創建一家生態系統獨一無二的公司。他尋求的是組織彈性。接續發生的幾件事，指引他用不同方法串連企業文化的經驗點。隨著這些要素逐漸匯聚成形，他也才得以透過後見之明，看出驅動 Netflix 成功的文化具有什麼特性。

在這本書中，我們會依照在 Netflix 學到的經驗的順序，一章接一章把這些經驗串連起來。也會檢視這些原則在 Netflix 目前的工作環境中發揮了那些作用、對我們一路以來學到的事有何影響，以及你可以如何擷取適用於你的自由與責任運用到你的組織裡。

開始邁向
自由與責任的文化

第一部將說明團隊或組織如何開始實踐自由與責任的文化。這幾個觀念相輔相成,雖然你也可以試試看個別實施各章的主張,不過那樣可能有風險。當你累積到一定的人才密度,給予誠實的回饋才安全,你才能進一步刪除管控員工的規定。

第一步，累積人才密度......

1

有頂尖的同事，
才有一流的工作環境

1990 年代，我很喜歡去我家那條街上的百視達租錄影帶。我一次會租兩三部片，看完就馬上還，因為我不想付逾期罰金。沒想到有一天，我整理餐桌上堆疊的紙張，才發現有一支幾星期前看的錄影帶忘了還。我把電影拿回店裡，櫃台小姐請我付逾期罰金：四十美元！我覺得自己笨到家了。

我因此思考，百視達的利潤多半來自於逾期罰金。如果你的商業模式是建立在誘使客戶覺得自己很笨上，應該也很難期待客戶對你忠誠。那有沒有另一種模式，既能提供在自家客廳就能看電影的娛樂享受，又不會讓顧客害怕忘記歸還就要強忍心痛支付大筆罰金呢？

1997 年初，Pure Software 被收購以後，我和馬克‧藍道夫考慮開郵租電影公司。亞馬遜郵寄書籍做得有聲有色。難道電影不行嗎？顧客可以在我們的網站上選租錄影帶，看完以後郵

寄歸還。結果我們發現，寄出和寄還錄影帶各別就要四美元郵資。郵資太貴了，這個市場一定做不大。

但有個朋友跟我說，秋天會推出一個新發明，叫做DVD，「外型就像 CD，但容量裝得下電影。」他解釋。我馬上跑到郵局，寄了好幾張 CD 給自己（我還找不到 DVD 來測試）。每一張的郵資是三十二美分。然後就回到聖克魯斯的家中，緊張地等待 CD 寄達。兩天後，CD 從信箱口投遞到我家，全都完好無損。

1998 年 5 月，我們創立了 Netflix，全球第一家網路 DVD 出租商店。我們有三十名員工和九百二十五部電影，差不多已經是當時登記在冊的所有 DVD。馬克擔任執行長到 1999 年由我接任，他則轉任公司的高階主管。

到了 2001 年初，我們已成長至四十萬名訂戶和一百二十名員工。我全力避免再犯我在 Pure Software 時代笨拙的領導方式，我們雖然盡量避免制定過多的規定，但我也不會形容Netflix 是特別理想的工作環境。不過我們確實在成長，公司生意不錯，員工的工作量也還行。

危機下的學習

不久，2001 年春天，危機來襲。第一波網路泡沫破滅，無數網路公司倒閉消失。所有創投基金都中止了。我們一夕之間籌不到公司運作需要的周轉資金，而我們的公司又遠稱不上賺錢。公司士氣低迷，而且即將再往下挫，因為我們必須解雇三

分之一的員工。

　　我找馬克和派蒂‧麥考德（Patty McCord）坐下來商量——派蒂是從 Pure Software 跟著我過來的同事，當時擔任人資長。我們仔細審核每一名員工的貢獻。沒有誰表現明顯特別差。所以我們把員工分成兩堆：八十名表現最佳的員工，我們會留下；四十名相較沒那麼出色的員工，我們會請他走。那些獨具創意、工作成績亮眼，而且與他人合作融洽的人，自然立刻分進「留下」那組。難是難在有很多介於及格邊緣的案例。有些人做同事做朋友都是好人，但工作表現平平。也有些人是工作狂，但判斷力不穩定，時常需要手把手地教。少數有幾個特別有才華，工作能力也強，但是愛抱怨或悲觀消極。這些人多半都得離開。可以想見，這個過程一點也不輕鬆。

　　我太太總說，宣布裁員前那幾天，我簡直如坐針氈。她說得沒錯，我擔心辦公室的士氣會盪到谷底。我深信在我打發了他們的朋友和同事以後，留下的人也會覺得公司待員工沒有誠信，所有人到時絕對都會很不滿。更何況「倖存者」還必須扛下離開的人的工作，可想而知一定會有很多抱怨。我們已經資金短缺，還承受得了士氣再瓦解嗎？

　　裁員的那一天到了，場面一如預期的難堪。被裁的人有的哭了，有的摔門，也有人氣得大吼大叫，到中午才告一段落。我則默默等待風暴進入下半場，也就是留下員工的反彈……沒想到，除了幾許眼淚和明顯可見的悲傷之外，所有人都很平靜。接下來幾星期，氣氛大幅好轉，我一開始還不知道為什麼。我們依舊處於共體時艱的狀態，而且才剛裁了三分之一員工，但辦公室卻突然活絡起來，迸發熱情、活力和創意。

幾個月後進入耶誕節假期，DVD 播放機是那年熱銷的禮物。到了 2002 年初，我們的郵租 DVD 生意再度飛速成長。轉眼之間，我們的工作量翻升好幾倍——儘管員工數比之前少了三分之一。令我驚奇的是，同樣是這八十個人，他們處理所有工作的熱情似乎更勝以往。他們的工作時間拉長了，鬥志卻極高。不只是我們的員工變快樂，我早上醒來也等不及想去上班。那段日子，我每天順路載派蒂去公司，她也住聖克魯斯，每當我轉進她家門前，她幾乎都是雀躍地跳上車，臉上掛著大大的笑容說：「里德，這到底是怎麼回事？這就是戀愛的感覺嗎？難不成是某種化學作用，這種興奮感之後就會消退？」

派蒂講到了重點。整個辦公室感覺就像充滿了瘋狂愛上工作的人。

我不是在提倡裁員，而且也慶幸 Netflix 自此以後不必再做相同的事。但在 2001 年裁員風波之後那幾天，乃至於那幾個月，我發現了幾件事，徹底改變我對員工動力和領導責任的理解。我突然有所領悟，我對人才密度在組織中發揮的作用認知從此不同。我們從中學到的經驗，成為後來指引 Netflix 走向成功的基礎之一。

但在繼續說明這些經驗之前，我想鄭重介紹一下派蒂，在 Netflix 這十年的發展當中，她扮演了關鍵角色。Netflix 現在的人資長潔西卡・尼爾（Jessica Neal），是她帶出來的徒弟。我在 Pure Software 初識派蒂・麥考德。1994 年，她打電話到公司，劈頭就要找執行長。那時的電話總機是我妹妹，她把派蒂的電話接給我。派蒂從小在德州長大，我從她的口音稍微能聽出來。她說自己目前在昇陽電腦（Sun Microsystems）的人資

部門工作，希望到 Pure Software 替我們管理人資部門。我邀她來喝杯咖啡。

我們初次見面，一開始大半時間我都聽不懂派蒂在說什麼。我請她說明她的人資理念，結果她說：「我認為每個人都應該有能力把自己對企業的貢獻，與他自身的抱負劃分開來。身為人資長，我會和執行長合作，提升領導階層的情緒智商，增進員工的情感投入。」我聽得頭昏眼花。我可能還太年輕，涉世不深，她告一段落後，我問她：「你們人資說話都是這樣嗎？我怎麼一個字都聽不懂。假如我們以後要一起共事，你不能再用這種方式說話。」

派蒂覺得我侮辱她，而且當面告訴我。那天晚上派蒂回到家，她先生問起面試進行得如何，派蒂回答：「很差。我跟他們的執行長吵起來。」但我很欣賞她誠實說出對我的看法，所以還是錄用她了。從那一天起，我們一直維持坦率且長久的友誼，在她離開 Netflix 後也不曾改變。有一部分或許是因為我們如此不同：我是數字狂，是軟體工程師；她是人性行為和說故事的專家。當我看著一個團隊，我看到的是串連人與討論內容的數字和演算法。當派蒂看著一個團隊，她看到的是我看不見的情緒和人際之間微妙的互動。派蒂在 Pure Software 為我效力，直到 1997 年公司出售後便加入我們，成為 Netflix 的元老。

2001 年裁員事件後，派蒂和我花了數十趟通勤車程討論這件事，想知道公司的工作氛圍怎會突然急轉彎向上，我們又該怎麼做，才能維持這股正向的動能。我們漸漸明白，我們的「人才密度」急遽提升，正是公司進步的推手。

優秀的人會幫助彼此進步更快

....

每位員工都具備某些才能。過去我們有一百二十人的時候，有些員工才能出眾，另一些能力平平。總體來說，我們有相當的才能分散在全體人力之中。裁員以後，因為只留下最有能力的八十個人，我們的才能總量減少了，平均每名員工的才能值卻提高了。因此，我們的才能「密度」提升了。

我們發現，人才格外密集的公司，也是人人都想效力的公司。高績效表現的員工在整體人才密度高的環境裡，尤其如魚得水。

我們的員工從彼此身上能學到更多，團隊的績效也更高。這又提升了個人的動力與滿足感，進而帶領公司整體實現更多成就。我們發現讓周圍環繞菁英，能讓原本已經不錯的成果彈射到全新境界。

最重要的是，與真正有才能的同事一起工作令人興奮、帶來鼓舞，而且充滿樂趣——相較過去只有八十名員工，今日公司已有七千名員工也一樣。

我經由事後觀察發現，團隊如果有一兩個人能力僅勉強勝任的話，會拉低團隊所有人的表現。如果你的團隊有五名優秀下屬，另兩個差強人意，那這兩個勉強勝任的員工會：

- 耗盡主管心力，主管照顧優秀員工的時間減少。
- 降低團體討論品質，拉低團隊的總體智商。
- 迫使其他人必須養成另一套方法與他們共事，損害效率。
- 劣幣驅逐良幣，迫使追求卓越的人離職。

- 形同告訴團隊你能接受庸才，使問題更加複雜。

對優秀菁英來說，好的工作環境不在於辦公室裝潢鋪張、有漂亮健身房，或午餐有壽司吃到飽。身旁環繞有能力又懂得合作的人才，這些人又能幫助你變得更好，這種喜悅才是重點。當每個成員都很優秀，工作表現就會出現正向循環，員工能彼此學習、激發彼此的動力。

表現會傳染

里德從 2001 年的裁員經驗學到，工作表現不論好壞都具有感染力。你手下有平庸的人，會讓許多原本優秀的下屬也表現平庸。但若你的團隊全部由表現優異者組成，每個人都會激勵彼此做到更好。

澳洲新南威爾斯大學教授威爾‧菲普斯（Will Felps）做過一項研究，結果令人驚奇，突顯了職場環境中行為的傳染力。他將大學生每四人一組，分成多組，請每組在四十五分鐘內完成一項經營管理任務。成效最好的一組可以獲得一百美元獎金。

學生不知道，有些組內其實混入了演員，分別扮演以下幾種角色：「懶鬼」不參與討論，會把腳翹到桌上，傳簡訊和人聊天；「討厭鬼」會嘲諷挖苦，說些「你太扯了吧？」和「看來你根本沒上過商學課」之類的話；還有「憂鬱消極鬼」，臉上一副他家貓咪剛死掉的表情，抱怨任務做不到，質疑團隊不

可能成功，有時還會乾脆趴在桌上。演員不會向其他組員透漏身分，其他人以為他們是一般學生。

菲普斯教授首先發現，即使小組中其他組員特別聰明又有能力，但一個人的不良行為仍會拉低全組的效率。這一個多月的時間，他進行了數十次試驗，組內有不良成員的組別，表現比其他組整整差了三成到四成。

這些發現顛覆了幾十年的研究，過去的研究多認為，團體內的個人會屈從團體的價值觀和行為準則。但事實卻是，某一個人的行為會快速感染團體其他成員，即使團隊才相處四十五分鐘。

菲普斯教授解釋：「令人驚訝且不解的是，團隊中的其他人為什麼會開始出現那個人的特質。」假冒者是懶鬼的時候，組內其他人也會對企劃失去興趣，最後總會有人跳出來宣稱任務其實也沒那麼重要。演員扮演討厭鬼，組內其他人也會開始互相羞辱，話中帶刺。演員如果是憂鬱消極鬼，影響最明顯。菲普斯說：我還記得我看到其中一組的影片。一開始所有組員都坐得直挺挺的，活力充沛，等不及想挑戰這個可能有難度的任務。但是到後來，每個人姿勢都垮了，頭都趴在桌上。」

菲普斯教授用實例說明了我和派蒂在 2001 年學到的事。團隊裡即使只有少數表現平庸的人，他們的表現仍有可能傳染給其他人，拉低整個組織的表現。

我們大多數人應該都能想起人生中有過的類似時刻，親眼目睹這種行為感染法則上演，我十二歲時就見過一次。

　　我 1960 年出生在麻州。小時候的我很平凡，沒什麼特殊才華或出眾能力。小學三年級時，我們全家搬到華盛頓特區，生活過得還不錯，我也有一大群朋友。但到了六、七年級的時候，學校有一個叫凱文的同學，會聚集大家打架。他也沒有特別針對或霸凌我們之中的誰。他多數時候並不起眼，卻創造出一種行為模式，連帶影響了我們其他人的行為表現和相處方式。我很不想加入，但不參與打架感覺會比湊一腳還要丟臉。而且誰打輸、誰打贏，真的會決定大家一整天的氛圍。要是沒有凱文，我們彼此互動和一起玩的方式一定會大有不同。因此當我爸告訴我們要搬回麻州的時候，我簡直等不及立刻就走。

　　2001 年裁員後，我們才發覺原本在 Netflix 裡，也有一小群人成就了令人不愉快的工作氣氛。從數不清的小地方看得出很多人不適任他們的工作，看在其他人眼裡則暗示公司可以接受平庸的表現，長久下來，就拉低了每個人的表現。

　　2002 年，我們對於優良的職場需要具備的條件有了更多認識，我和派蒂立下承諾，我們往後的首要目標，就是要盡一切所能維持裁員後的人才密度，以及隨之而來的所有優點。今後我們會雇用最優秀的員工，支付業界最高的薪水。我們會訓練主管拿出勇氣和紀律，凡有不適任的行為或表現未達模範標準的員工一律裁除。我開始嚴格檢視，從接待櫃檯到最高執行團隊，確保 Netflix 的員工都是業界表現最佳、合作能力最強的人才。

我們的經驗 1

．．．．．．．．．．．．．．．．．．

這是整個 Netflix 故事奠下基礎最關鍵的一點。

一個步調快且擅於創新的職場，是由我們口中的「優異同事」構成的——他們是一群能力很強的人，有不同的背景和觀點，極富創意，能完成大量重要工作，而且懂得有效率地合作。更重要的是，第一個條件若沒確保到位，後續的其他原則都不可能實行。

‖　重點回顧

- 領導者的首要目標，是建立一個全由優異同事構成的環境。

- 優異同事能完成大量重要工作，而且極富創意和熱情。

- 討厭鬼、懶鬼、平庸的老好人或消極悲觀的人留在團隊裡會拉低所有人的表現。

邁向 F&R 文化

Freedom + Responsibility

提高人才密度，裁撤表現不夠好的員工，兩者都到位後，你就做好提倡誠實的準備了。現在，我們可以進入第二章了。

第二步，鼓勵誠實敢言……

2

以正面動機，說出你的真心話

擔任 Pure Software 執行長的一開始幾年，技術面我管理得很好，但在領導用人方面，我相當拙劣。我習慣迴避衝突，如果我直接指名某人的問題，對方會難過生氣，所以出問題的時候我總是盡可能迴避繞道而行。

我這種個性可以追溯到童年。小時候，我父母很願意支持孩子，但是我們在家不太會聊天分享情緒。我不想讓別人不高興，所以總會避免提起有爭議的話題。我見過有建設性地說實話的榜樣不多，所以花了很長的時間才好不容易適應。

未經太多思考，我也把這種態度帶到職場。例如在 Pure Software 時，我們有一位做事深思熟慮的資深主管叫艾奇，我覺得他開發一項產品花太多時間了，我很挫折又苦惱。但我沒有找艾奇談，反而是去公司外找了另一個工程師團隊簽訂合約執行企劃。艾奇得知以後火冒三丈。他來找我說：「你明明對

我不滿，卻不直接告訴我你的想法，寧可背地裡偷偷摸摸？」

艾奇說得太對了——我處理問題的方法差勁透頂。但我不知道該怎麼坦白說出我的憂慮。

同樣問題也影響到我的家庭生活。1995 年，Pure Software 公開上市時，我和太太結婚四年，女兒還很小。我的事業攀至巔峰，可是我不知道怎麼當個好伴侶。隔年 Pure Software 收購一家三千英里外的公司，我更加難為了。每星期我都有一半時間不在家，但每當我太太表達沮喪不滿時，我又為自己辯解，說我做的一切都是為了這個家好。偶爾有朋友問她：「里德事業有成，你一定很高興吧？」她聽了都只想哭。她與我日漸疏遠，我對她則是百般埋怨。

直到我們接受婚姻諮商，問題才有了轉機。諮商師請我們各自說出心中的怨言。我漸漸能從太太的角度看我們的婚姻。她關心的不是錢。她 1986 年在和平工作團志工的歸國派對上認識我，愛上了這個在史瓦濟蘭無償教書兩年剛回來的男孩，現在她卻發現，她嫁的這個男人每天汲汲營營於賺錢生意。她有什麼好高興的呢？

給予及接受透明化的回饋，對我們幫助非常大。我看出自己一直在對她說謊。我口中說著「家庭對我是最重要的」，但每天卻不回家吃飯，工作到深夜。我現在明白了，我的話比陳腔濫調還糟，我的話全是謊言。我們倆都學到如何當個更好的伴侶，我們的婚姻也因此重獲新生（如今我們結婚二十九年，兩個孩子也都長大了！）

後來，我努力把這種誠實的態度帶回辦公室。我開始鼓勵每個人說出真正的想法，不過立意要良善——不是為了攻擊或

中傷別人，而是要把感受、意見和回饋攤在檯面上，彼此才能齊力處理。

當我們愈來愈常誠實給予彼此回饋，我發覺獲得回饋還有一個額外的好處：團隊的工作表現會被推上新的境界。

早期有個例子，是關於我們的財務長巴瑞・麥卡錫（Barry McCarthy）。巴瑞是 Netflix 首任財務長，從 1999 年任職到 2010 年。他是很好的領導者，重誠信也有遠見，而且非常擅長協助所有人通盤理解公司財務狀況。但他有點喜怒無常，容易發脾氣。某一天，行銷長萊絲莉・奇爾果（Leslie Kilgore）向我反映巴瑞的脾氣，我鼓勵她當面告訴他。「把你對我說的話原原本本告訴他。」我這樣建議她，這是婚姻諮商經驗帶給我的靈感。

萊絲莉從 2000 年擔任行銷長到 2012 年，現在已是董事會成員。她表現在外的個性不苟言笑，其實是個冷面笑匠，常有出人意表的幽默感。萊絲莉第二天就去找巴瑞，她的應對比我厲害多了，我恐怕永遠做不到。她找了個方式，把巴瑞發的脾氣換算成公司的虧損，用他擅長的財經語言與他溝通，外加一記她獨具感染力的幽默，巴瑞大為所動。他回頭把收到的回饋告訴他的團隊，請他們以後做事如果受到他的情緒影響，不要怕提醒他。

溝通結果出奇地好。往後幾星期至幾個月，財務團隊中許多人跟我和派蒂提到巴瑞領導方式的正向轉變。這還不是唯一的好處。萊絲莉給予巴瑞有建設性的意見以後，巴瑞也開始會提出建設性的意見，先是對派蒂，後來是對我。巴瑞的下屬看到上司對萊絲莉的建言反應這麼好，也漸漸敢在他的脾氣故態

復萌時，帶點幽默地提醒他，同時也比較會互相提出回饋。我們沒有增聘新的人才，沒有調漲任何人的薪水，但日復一日的誠實，卻也提高了辦公室的才能密度。

比起在彼此背後竊竊私語，我發現公開說出看法和回饋，能減少暗箭傷人和勾心鬥角，讓我們做事更有效率。大家聽到愈多怎麼做會更好的回饋，愈能把各自的事務處理得更好，公司整體也會表現得更好。

我們也是在這個時候，寫下「**私下也只說你當著別人的面會說的話**」這句格言。我自己盡力以身作則，每當有人來找我抱怨另一名員工，我都會問：「你當面跟他說的時候，他怎麼回你？」這種做法是有些極端。不論在社會或職場上，大多數情況下，堅持說出真實想法的人往往很快就會被孤立，甚至被放逐。但在 Netflix，我們欣然接受誠實。我們極力鼓勵所有人每天持續互相給予有建設性的意見，不論是對上、對下，或是部門之間。

我們法務團隊的成員道格，以行動示範這種誠實。他在 2016 年進公司，不久就有機會與一個叫喬登的資深同事一起出差去印度。他說：「喬登是那種有人過生日會帶點心來請大家吃的同事。不過工作起來也很拚，容易沒耐心。」雖然喬登行前強調要以專心建立關係為優先，但實際到了印度之後，他表現出來的行為卻不一致：

> 我們和薩娜共進晚餐，她是 Netflix 的供應商。餐廳座落在山上，可以俯瞰孟買市景。薩娜性格爽朗，笑聲更是開朗。我們聊得很愉快，只是每當話題偏離工作，喬登

就會顯得不耐煩。薩娜和我聊到她的寶寶才十個月就會走路，我說我家一歲五個月的小外甥連坐學步車雙腳都懶得動，還發展出一種滑行技巧。我們嘻嘻哈哈聊得熱絡，這是建立情誼的大好時機，這種人際關係絕對有助於談生意。但是喬登散發出不悅的情緒。他從桌邊退開椅子，不停焦慮地看手機，好像看愈多次，餐後咖啡會愈快送來似地。我知道他的行為正在抵銷我們的努力。

如果是他之前的工作，道格八成什麼也不會說，基於一般對人際禮貌、職務位階和維繫和諧的態度，他會把話悶在心裡。而且那個時候，他還沒充分適應 Netflix 的文化，還不敢當場指正同事的行為。一星期後，他們回到家了，道格才鼓足了勇氣，「我應該用 Netflix 的方式面對，」他對自己說。於是，道格把「印度出差檢討」加進了下一次與喬登開會的待議事項裡。

開會當天早上，道格走進會議室時，緊張到胃揪成一團。檢討排在議程的第一項，道格問喬登對他有沒有建議，喬登提了幾項。這麼一來事情就容易多了。道格接著話說：「喬登，我不喜歡給人建議，但是我在印度看出幾個問題，我想對你或許有幫助。」喬登回憶後來的情形：

我想先聲明。我自詡是建立交情的達人。每次去印度之前，我都會向團隊訓話，強調要和客戶搏感情。所以道格的回饋對我才會像當頭棒喝。我因為壓力太大，表現得像機器人，破壞自己的目標，還沒有察覺自己的行為。

> 現在我出差前不再訓話了，我反而會和同事說：「嘿，
> 這是我的罩門！萬一尼汀帶我們觀光的時候，我又一直
> 看手錶，你們往我小腿踹下去就對了！我事後一定會感
> 謝你。」

一旦給予和接受回饋成為常態，大家學得更快，工作也會更有效率。這個例子只有一個地方很可惜，那就是道格在印度沒有當下就把喬登拉到一旁提醒他，不然他說不定就挽救了那頓晚餐。

高表現＋無私誠實＝極高表現

想像星期一早上九點，你和同事坐在會議室開會。你小口啜著咖啡，聽老闆滔滔不絕談論即將到來的員工旅遊的計畫，你腦中的聲音開始大吼大叫，憤怒地駁斥他的每一話。你的上司列出的工作計劃，聽起來包準會失敗——你一聽就知道，你昨晚邊看《實習醫生》影集（Grey's Anatomy）邊想出來的企劃還比較有用。你心想，**我是不是該說句話？**但稍一猶豫，時機就錯過了。

十分鐘後，輪到你的同事向團隊說明她的新企劃，她每次發言都冗長又囉嗦，偏偏一講話就來勁（而且每個人都知道她很敏感）。你腦中的聲音不禁悲嘆，她的發表毫無重點，企劃本身根本就很空洞。你又一次心想，**我是不是該說出來？**但你

的嘴唇又一次地黏住沒動。

你八成遇過類似的情境。你不見得每次都保持沉默，但通常你都沒說話，你之所以不出聲，多半是出於下列某個原因：

- 你覺得沒人會支持你的觀點。
- 你不想被看成「難搞的人」。
- 你不想捲入不愉快的爭執。
- 你不希望同事因此難過或生氣。
- 你擔心人家說你「不懂團隊合作」。

但若你在 Netflix 工作，你十之八九會有話直說。晨會上，你會告訴老闆，他的員工旅遊計畫行不通，你有另一個你覺得更好的想法。會議後，你會建議同事重新想想她的提案。此外，你去倒了杯咖啡之後，又順道提醒另一位同事，上週全公司大會請他說明最近一項決策時，他聽起來戒心太重。

在 Netflix，你如果不同意某個同事卻不說，或把有益的意見悶在心裡不說出來，形同是對公司不忠。畢竟，你原本可以幫助公司，但你卻選擇了不做。

我第一次聽說 Netflix 要求坦誠的做法時，其實十分懷疑。Netflix 不只提倡誠實給回饋，也主張**頻繁給予回饋**，但在我的經驗裡，這只會增加聽見傷人話語的機會。大部分的人對嚴厲的評語很難不耿耿於懷，也很容易因此陷入負面的思考循環。公司政策採用這種理念，鼓勵大家經常誠實說出評語，聽起來不只討人厭，也很冒險。但開始和 Netflix 員工合作後沒多久，我就發現這種做法帶來的好處。

2016 年，里德邀請我到他們公司在古巴舉行的季度主管大會上主題演講。這是我第一次為 Netflix 做事，但與會者全都

讀過我的書《文化地圖》,所以我想講一些新鮮的內容。我全心準備了一份客製化的講稿,充滿新的材料,平常在大場合演講,我的內容都是演練修改過的。那一次,我走上舞台時,心臟跳得比平常都快。開頭的四十五分鐘很順利。Netflix 來自世界各地約四百名主管在台下聽得很專心,每次我問問題,也會有數十個人舉手。

接下來,我請聽眾分成小組討論五分鐘。我走下台在各組之間走動,聽聽他們的交談片段,我注意到一位美國口音的女士講得特別起勁。她看到我在一旁觀察,招手示意我過去。「我剛才正在和同事說,」她向我解釋,「你在台上帶動討論的方式,牴觸了你提倡的文化多樣性。你鼓勵聽眾發言,卻點名請第一個舉手的人說話,正好設下了你在書裡提醒要避免的陷阱——只有美國人會舉手,所以其實只有美國人有機會發言。」

我愣在原地。這是第一次有人在演講中途當著一群聽眾的面,直接給我負面評語。我心裡不禁開始膽怯——尤其是我意識到,沒錯,她說得很對。我有兩分鐘可以臨時做些調整。回到我演講的時候,我提議每個國家請一名聽眾為代表發表意見——首先是荷蘭,然後是法國,再來是巴西、美國、新加坡及日本。這個做法成效非常好,但當時如果沒有她的回饋,我不會想到要用這個方法。

我與 Netflix 的互動也漸漸形成一種模式。好幾次在我訪問 Netflix 的員工之前,他們都會對我的做法提出意見,有時候我甚至連問題都還沒有機會問。

舉個例子,訪問阿姆斯特丹總部的丹妮兒・庫克－戴維斯(Danielle Crook-Davies)的時候,她很親切地歡迎我,跟我說

她很喜歡我的書，然後在我們還來不及坐下之前，她已經開口說：「我可以提出一點建議嗎？」她接著告訴我，那本書的有聲書版本差到令人訝異，朗讀的女聲有損書中想傳達的內容。「希望你能想辦法請人重錄。你那本書內容那麼好，卻被錄音給毀了。」我啞口無言，但事後回想，我承認她說得對。我當晚立刻聯絡出版社請人重錄。

又有一次，我在聖保羅訪問一位巴西主管，他開口第一句話就是口氣和善地說：「我想給你一點建議。」我們才剛打完招呼而已，但我盡力擺出這種事很正常的樣子。他接著告訴我，我訪問前寄來的通知信結構太嚴謹了，給人發號施令的印象。「你的書裡說，我們巴西人通常喜歡多留點彈性，不會把事情挑明了講。可是你卻沒有照自己的建議做。下次你寄電子郵件來，可以寫明主旨就好，不必詳列問題。你收到的反應會比較好。」這位主管打開我寄的電子郵件，把有問題的句子指給我看，我發現自己很不自在地猛吞口水。但同樣地，他的回饋對我很有幫助。往後幾次外地採訪，我寄出採訪通知信以前，都會請當地的聯絡人先看過，他們往往會提出有幫助的想法，告訴我怎麼做能讓當地的受訪者樂意配合。

既然誠實回饋有這麼多好處，你可能會納悶，為什麼在大多數公司我們卻很少給予或收到誠實的回饋。快速觀察一下人的行為習慣，就能說明原因。

我們逃避誠實，卻仍渴望誠實

....

很少人喜歡接受批評。工作收到負面評語會觸發自我懷疑、灰心喪氣和脆弱受傷的感覺。大腦面對負面評語，會產生和遭受肢體威脅時相同的戰或逃反應，釋放激素到血液中，加快你的反應時間，同時升高情緒。

比接受一對一批評更討厭的事，一定是當著別人的面收到負面評語。那位在我演講中途（而且在她同事面前）給我建議的女士，對我幫助很大。她的意見對我有益，而且不宜延遲。但在人群面前受到批評會對人腦發出警報。大腦是一台求生裝置，我們最成功的求生手段，就是往人多處尋求安全感的欲望。我們的大腦無時無刻不在注意群體拒絕的訊號。在比較原始的年代，被群體拒絕會導向孤立，甚至是死亡。如果有人在你的部族面前指出你的錯誤，大腦最原始的區塊，也就是不斷偵測危險的杏仁核就會發出警告：「這群人要拒絕你了。」我們面對這種危險，本然的衝動就是逃跑。

同時也有豐富的研究顯示，收到正面評價會刺激大腦分泌催產素，與母親在照顧寶寶時感到快樂的是同一種愉悅荷爾蒙。難怪多數人寧可給予讚美，而不願提出誠實但有建設性的意見。

不過研究也指出，多數人其實本能上明白聽取實話的價值。2014 年的研究中，詹格福克曼顧問公司（Zenger Folkman）收集近一千人的回饋資料，發現讚美雖然有解憂的好處，但約有三比一的多數人認為，**正確的評語比正面稱讚更**

有助於他們進步。多數人表示不覺得正面稱讚對他們的成功有任何重大影響。

以下是同項調查中更具說服力的統計數字：

- 57%的受試者表示，比起讚美他們更希望收到正確的評語。
- 72%的人認為，假如能收到更多正確的評語，他們的表現會更進步。
- 92%的人同意這句話：「只要表達得當，負面評語可以改善表現。」

聽別人說出我們哪裡做不好，的確壓力很大，心裡也不舒服，但克服初始的壓力之後，這些回饋確實有幫助。大多數人其實明白，簡單的給予與接受回饋就能幫助他們有更好的工作表現。

養成誠實文化，要從員工給主管回饋開始

 2003 年，加州園林市（Garden Grove）的居民遇上一個棘手難題。在洛杉磯南方這座小鎮，小學周邊街道發生汽車撞傷行人車禍的次數異常頻繁。政府當局立起速限標誌，提醒駕駛人放慢車速，警察也頻頻對超速者開罰單。

但車禍率未見降低。

城市規劃師想到另一種方法：設置動態車速顯示板。換句話說，就是「給駕駛人回饋」。每塊顯示板上除了標示車速上

限，還有雷達感測器，會顯示「你的車速」。經過的駕駛人能即時得知自己的車速，裝置也會提醒他們不應超過的速限。

專家很懷疑這個方法會有用。每個人的儀表板上不是本來就有計速器嗎。而且執法單位長期以來都認為，民眾只有在面臨清楚罰則的時候才會遵守規定。加裝一塊顯示板，怎麼可能改變駕駛行為呢？

結果真的有用。研究發現，駕駛人車速放慢了 14％——在三間小學周圍的平均車速都降到了**公告速限以下**。給予回饋這麼簡單又低成本的做法，可以得到 14％的改變，算是很好的成效。

回饋循環是改善表現最有效的工具。如果能把給予及接收回饋納入持續合作的過程當中，我們會學得更快，能做到的事也更多。回饋能幫助我們避免誤會，創造相互負責的氛圍，同時減少劃分位階和制定規範的必要。

但要在公司內部鼓勵誠實回饋，比設立交通號誌難多了。想促進誠實風氣，首先要讓員工拋棄長年深植於社會的觀念，像是「除非有人問，否則別主動給評語」，或是「美言公開說，醜話私下講」等等。

一般人在考慮要不要說出建議時，往往會陷入天人交戰：既不想傷了對方的感情，但又希望幫助對方進步。我們在 Netflix 的目標就是要幫助每個人進步，即使這代表我們偶爾會覺得心裡很受傷。更重要的是，我們發現在對的環境下用對方法，我們可以**給予回饋又不傷感情**。

如果你希望在自己的組織或團隊養成誠實的文化，可以採行幾個步驟。第一步很違背直覺。你可能以為培養誠實的第一

步會從最簡單的做起，比如由老闆給員工詳實的評語。但我建議第一步從更難的先開始：請員工對老闆誠實提出回饋。從老闆給員工評語做起也能做到，但唯有當員工開始敢向主管坦率說出意見，誠實的幾大好處才會真正顯現。

告訴國王他沒穿衣服

我和很多人一樣，小時候就聽過〈國王的新衣〉，這個故事大家耳熟能詳。一個笨蛋當上了國王，光著身子上街遊行，還以為自己穿著有史以來最華美的衣裳，他的大臣跟子民都看到了，但沒有人敢說出真相——除了一個不懂階級、不懂權力、不懂後果的小童。

你在組織裡的位階愈高，愈難收到回饋，也愈有可能「光著身子來上班」，或是愈可能犯下只有你看不出的錯誤。這種狀況不只會妨害組織運作，還很危險。一個辦公室助理訂咖啡出錯，沒人糾正他還無關緊要。如果是財務長在財務報表上出錯，卻沒人敢提出質疑，可會讓整家公司陷入危機。

我們的主管鼓勵下屬誠實提出回饋的第一個方法，是在與員工一對一面談時，把回饋排進固定的議程中。別只是要求他們提出回饋，而是要告訴員工，並以行動表現出你期待收到回饋。把回饋排在議程的第一項或最後一項，與其他工作流程的討論區分開來。等安排的時間到了，主動出擊及鼓勵員工說出對你（上司）的意見回饋，然後若你願意的話，也可以對他們提出回饋作為回報。

　　你收到回饋時的行為表現很關鍵。你一定要讓員工看到給予回饋是安全的，對任何批評都要表示感激，更重要的是，別忘了給出「歸屬感線索」（belonging cues）。《高效團隊默默在做的三件事》（*The Culture Code*）作者科伊爾（Daniel Coyle）形容，所謂的歸屬感線索是用口頭或動作向對方暗示「你的意見讓你成為團隊更重要的成員」或「你對我誠實不會危害你的工作或我們之間的關係；你屬於這個團隊」。我常和我的主管團隊談到，遇到員工向上司提出意見的情況，要適時做出「歸屬感線索」，因為鼓起勇氣公開說出意見的員工可能會擔心「上司會不會對我記仇？」或「這會不會危害我的前途？」

　　歸屬感線索可以是小手勢，例如改用感激的語調、肢體上靠近說話的人，或直視對方的眼睛。也可以是更大的動作，例如感謝對方有這個勇氣，之後找機會在更多人面前提及這種勇氣。科伊爾解釋說，歸屬感線索的作用是在「回答自古以來不斷在我們腦中亮燈的問題：我在這裡安全嗎？我和這群人的未來會如何？是不是有危險潛伏？」每次遇到誠實坦率的時刻，你和公司的其他人愈常做出歸屬感線索，大家往後愈有勇氣誠實。

Netflix 的內容長泰德‧薩蘭多斯（Ted Sarandos）是里德主管團隊的其中一位領導者，他會公開徵求回饋，也會在收到回饋時做出歸屬感線索。

　　Netflix 上的每一部影集和電影都由泰德負責。泰德對於改變整個娛樂產業扮演了關鍵要角，常被外界形

容是當前好萊塢最重要的人物。但泰德並不是典型的媒體大亨。他大學沒畢業，所有的電影教育都是在亞利桑那州的影音光碟店工作時學來的。

2019 年 5 月，倫敦《旗幟晚報》（*Evening Standard*）的一篇報導這樣形容泰德：

> 如果 Netflix 要為他們百萬身價的內容長泰德・薩蘭多斯拍一部迷你影集，開頭一定會從六〇年代演起，他還是個小鬼頭，住在亞利桑那州鳳凰城的貧窮社區，盤腿坐在閃爍藍光的電視螢幕前，四個兄弟姊妹在他周圍打鬧他也視若無睹，他的一天就這樣度過，電視節目表是他唯一的行程。
>
> 青少年時代，他在影音光碟店打工，白天空閒時間很長，他開始看起店裡收存的的九百多部電影，對電影和電視累積出百科全書般豐富的知識——而且對一般人喜歡什麼具有天生的準確直覺（曾有人說他是「人體演算法」）。有人說看太多電視會變笨，看來他可沒有。

2014 年 7 月，泰德挖角布萊恩・萊特（Brian Wright）來主持 Netflix 的青少年內容，他原本是尼可兒童頻道副總裁。（布萊恩接任新工作才幾個月就簽下影集《怪奇物語》，在 Netflix 一戰成名。）布萊恩說起他第一天進 Netflix 看到泰德坦然聽取回饋的故事：

> 我以前每個工作，爭的都是誰得勢、誰不得勢。誰膽敢

向老闆提出意見，或在開會時當眾反駁她，就等於自毀前程。你會被放逐到西伯利亞。

星期一早上，到職的第一天，我神經繃得很緊，打算默默觀察這個地方的政治生態。上午十一點，我參加的第一場會議，主持人是泰德（我上司的上司，在我眼中可是超級巨星），在場還有大約十五個公司裡不同位階的人。泰德正在說明《諜海黑名單》（The Blacklist）第二季的發行事宜，有個位階比他低了四級的人中途打斷他：「泰德，你好像忘了一件事。你沒搞清楚授權協定，那麼做行不通的。」泰德自然堅持己見，但那個人沒有退縮。「行不通。你把兩份不同的報告搞混了，泰德。你搞錯了。我們最好直接找索尼開個會。」

我不敢相信，這個職等比較低的人竟敢當眾質疑泰德·薩蘭多斯本人。就我過去的經驗，這是職涯自殺。我太震驚了，我滿臉通紅，只想躲到椅子底下。

會議結束時，泰德起身拍拍那個人的肩膀，笑笑地說：「開會很愉快。謝謝你今天的貢獻。」我實在太驚訝了，看得我目瞪口呆。

後來我在男廁遇到泰德。他問我第一天上班還習慣嗎，我忍不住告訴他：「哇，泰德，我真不敢相信今天開會時那個人敢反駁你。」泰德好像完全不懂我想說什麼。他說：「布萊恩，當你發現自己因為害怕不討喜，有意見卻不說，那就是你得離開 Netflix 的時候了。我們雇用你，為的就是你的看法。會議室裡每一個人都有責任誠實告訴我他的想法。」

　　泰德清楚展現了要員工誠實給予上司回饋必須有的兩個行為。別只是要求屬下提出回饋，而是要告訴員工，並以行動表現出你期待收到回饋（例如他給布萊恩的忠告）。然後在得到回饋的時候，就回應歸屬感線索；像在這個例子裡，泰德在會後拍了拍對方的肩膀。

　　里德是 Netflix 另一位經常表現上述兩種行為的領導者。因此他收到的負面回饋也比公司其他主管都來得多。證據就是他的 360 度評量向所有人開放，他也藉此持續收到比其他員工都多的回饋。里德不斷鼓勵回饋，而且始終以歸屬感線索回應，有時甚至會公開談論他收到某一則批評有多高興。

　　下面是 2019 年春天，他與 Netflix 全體員工分享的備忘錄中的一段話：

> 360 度評量向來是每年刺激的一刻。我發現最有益於我成長的評語，很遺憾地也最不中聽。所以秉持 360 度評量的精神，謝謝各位勇敢且誠實地向我指出：「**會議中，當你失去耐心或覺得議程中某個主題不值得討論，你會跳過或草草帶過那些主題……類似要注意的還有，別用你的觀點壓制別人。有時候你會以大家應該都同意了為理由結束爭論，但其實大家並沒有都同意。**」說得很對，我很難過，也很失望我到現在竟然還會犯這種錯。我會繼續努力改進。但願各位也都收到回饋，並不忘給予別人直接而有建設性的意見回饋。

　　蘿雪兒・金恩（Rochelle King）還記得對執行長提出建設

性回饋時的場景。2010 年，她在 Netflix 任職創意產品經理滿一年，上司是副總裁，副總裁的上司是產品長，產品長又為里德工作，所以她的職位比里德低了三階。但她向上回饋的故事在 Netflix 並不稀奇：

> 里德與大約二十五位經理、副總和執行團隊的人一起開會。派蒂·參考德說了一些話，里德不認同，看得出他被派蒂惹得不太高興，他話中帶刺地駁斥她的意見。他說話的時候，屋內出現一股集體的畏懼，大家屏住氣不敢說話。里德或許是太氣了，沒注意到大家的反應，但我覺得那一刻有損他的領導。

蘿雪兒很認真看待 Netflix 的原則，她知道遇到這種情況卻不作聲，形同對公司不忠誠。她花了一個晚上寫出下面這封給里德的信，寄出前一讀再讀，「起碼有一百遍，因為即使是在 Netflix，我還是覺得有點冒險。」最後她終於寄出這封信：

> 嗨，里德：
>
> 身為昨天會議成員之一，你對派蒂說的話在我聽來十分輕蔑，也有失尊重。我特意提起這件事，因為你在去年員工旅遊說過，創造大家有勇氣發言、敢在討論中提出意見（不管是贊同或異議）的環境是很重要的。
>
> 昨天在場的人職位有高有低，有經理有副總，有的人對你並不熟悉。如果我和你不熟，聽到你對派蒂說話的語

氣，往後一定不敢在你面前發表意見，因為會怕你駁斥
我的想法。希望你不介意我告訴你這件事。

蘿雪兒

聽到這段故事，我回想自己以前做過的工作，從在斯里蘭
卡咖哩餐廳當服務生，到大型跨國企業的訓練經理，再到波士
頓一家小公司的董事，之後又在商學院擔任教授。我努力回想
自己在這幾個職務時有沒有聽過有誰誠實但不失禮地告訴單位
最高主管，他開會說話的語氣很不恰當。我的答案當然是大聲
又響亮的：沒有！

我寄電子郵件給里德，問他還記不記得蘿雪兒說的五年前
這件事，他沒過幾分鐘就回信給我。

艾琳：

我記得那間會議室（金剛），記得我和派蒂坐的位置。
我也記得我後來多恨自己沒控制好脾氣。

里德

又過了幾分鐘，他把蘿雪兒當初寄給他的電子郵件，連同
他的回覆一併轉寄給我。

蘿雪兒：

我非常感謝能收到你的回饋，未來你要是再看到你覺得

> 不恰當的行為，請一定要繼續讓我知道。
>
> 里德

蘿雪兒的回饋很誠實，但是也很周到，而且是衷心希望幫助里德改進。

但建立誠實敢言的風氣有個很大的風險，就是大家有可能以各種方式故意濫用或不小心誤用這種誠實。這時就要提到里德在職場培養誠實文化的下一個步驟。

如何適當給予回饋及接受回饋

布萊德利·庫伯（Bradley Cooper）和女神卡卡（Lady Gaga）主演的奧斯卡得獎電影《一個巨星的誕生》（*A Star Is Born*）中，有一幕呈現出誠實如果運用不當，反而極盡傷人之能事。

女神卡卡躺在泡泡浴缸裡。她是才剛憑實力得到認可的音樂界新星，獲得葛萊美獎三項提名。她的啟蒙導師（剛成為她的老公）酒喝多了，醉茫茫地走進浴室，把對她新歌的看法老老實實地告訴她，她才剛在《週六夜現場》（*Saturday Night Live*）節目上表演這首創作新曲。

> 你被提名了，很棒……我只是百思不解。（你的歌）「為何你挺著俏臀向我走來。」（翻白眼……長嘆一口氣）或許是我教導無方。我老實說吧，你太丟人現眼了。

雖然我們討論了那麼多 Netflix 的回饋機制，但像上面這種誠實是絕對行不通的。誠實的風氣不代表可以口無遮攔。Netflix 員工剛開始幾次給我回饋的時候，我受到很大的震撼，以為回饋的規則八成是「想說就說，不管對方怎麼想」。但其實 Netflix 主管投入很多時間在教導屬下怎樣給予適當的回饋。他們會利用範本來說明什麼是有效的回饋，也有很多訓練課程供大家學習及練習如何給予和接受回饋。

你也可以練習。我爬梳了 Netflix 所有關於誠實的材料，聆聽數十位受訪者解釋運作方式，發現這些教學可以總結成以下四大要點。

適當回饋的四個原則

給予回饋時

1. **以協助為目的**：給予回饋一定要立意良善。利用回饋來發洩怨氣、故意傷害對方或宣揚你的意識形態，都是不被容許的。要清楚解釋改變某個特定行為對於對方或公司有何好處，而不是對你有何好處。「你和客戶開會時不要剔牙，很難看。」不是好的回饋。好的回饋是：「你和客戶開會時別剔牙，客戶比較會認可你的專業，我們也比較有機會與客戶建立穩固的關係。」

2. **可實際執行**：你的回饋應該著重於對方能如何改變行為。以我在古巴的那一次演講為例，如果回饋只有：「你的

呈現方式牴觸了你想傳達的內容」之後就沒下文了，那就不算好的回饋。好的回饋是告訴我：「你請觀眾發言的方式會造成只有美國人主動參與。」更好的則是：「你如果能想個辦法引導其他國家的聽眾參與討論，你的演講會更有力。」

收到回饋時

3. **表達感謝**：人在受到批評時，自然傾向於自我防禦或找藉口，我們會反射性地想保護自尊和名譽。因此在收到回饋時，你必須對抗這種本能反應，反過來問自己：「我能不能認真聆聽、敞開心胸思考對方的話，不必急著防禦或動怒，藉此傳達對這個回饋的感謝？」

4. **採納或捨棄**：在 Netflix，你會收到來自很多人的各種回饋。你必須聆聽並考慮所有回饋。但你不一定要全部遵從。真心說聲謝謝。但你和提出意見的人都必須明瞭，對回饋作何反應，決定權完全操之於對方。

本章一開始的例子，道格對喬登在印度出差的行為提出調整的建言，我們從中可以看到四大原則充分展現。道格看出喬登對人際往來的心態妨害到他本來的目標。他的目的是想幫助喬登改進，連帶幫助公司成功（**以協助為目的**）。他提出的建議非常實際，喬登說他聽了以後，現在每次去印度出差都會抱持新的心態（**可以實際執行**）。喬登向道格道謝（**表達感謝**）。他可以選擇不採納這個回饋，但他這次採納了，而且說：「現

在我出差前不再訓話了，反而會和同事說：「嘿，這是我的罩門！萬一尼汀帶我們觀光的時候，我又一直看手錶，你們往我小腿踹下去就對了！」（**採納或捨棄**）

大部分的人和道格一樣，覺得當場給予回饋特別難做到。很多人深受社會觀念制約，習慣等到有適當的時機在適當的情境下才說出實話，回饋所帶來的好處往往也因此錯過最佳時機。所以，我們現在要說到在團隊中培養誠實文化的第三個重點。

隨時隨地鼓吹回饋

剩下一個問題，就是我該什麼時候、在哪裡提出回饋——答案是隨時隨地。這表示可以私下關起門來給予建議。艾琳演講中途，在現場三、四個人的面前收到第一個來自 Netflix 的回饋，這也無妨。就算是在四十個人面前大喊出來，只要當下說出來幫助最大，就沒問題。

全球溝通團隊的副總裁蘿絲，就是一個很好的例子：

> 我的四十個同事從世界各地前來參加為期兩天的會議，我有六十分鐘的發言時間可以報告《漢娜的遺言》（*13 Reasons Why*）第二季的行銷企劃。
>
> 　第一季上架以後，劇中的自殺畫面引起輿論熱議。所以第二季我想用另一種品牌公關報導常用的手法，我對這種方法很有經驗，但這個做法在傳統公關廣告不常

見，而 Netflix 的行銷方式向來以傳統廣告為主。

　　我計畫找西北大學合作進行一項獨立研究，調查這部影集對青少年觀眾的影響。Netflix 不會干預研究，但希望研究資料有助於第二季發布時找到更好的定位。

　　蘿絲只有六十分鐘可以爭取行銷同仁的贊同。但才講了十五分鐘，聽眾就發難了：「你不知道會有什麼結果，怎麼敢把錢投進去？而且經費若是我們出的，怎麼算得上獨立研究？」蘿絲覺得自己被圍攻：

> 舉在眼前的每一隻手都像一道難關。每個人好像都在對我大喊：「你知道你在做什麼嗎？！」我聽到自己每回答一個問題，說話速度就愈快，空間瀰漫的挫折感不斷升高。大家愈是質疑我，我愈擔心內容講不完，所以又說得更快。

　　就在此時，跟蘿絲要好的同事碧昂卡在會議室後方用力揮手，向她拋出了救生圈──用 Netflix 的方式。她說：「蘿絲！這樣子不行！你正在失去聽眾！你太想替自己辯解，說得太快了！你沒有仔細聽問題，你一直重複自說自話，沒回答到聽眾的疑慮。深呼吸。你要找回你的聽眾。」

> 那一瞬間，我忽然從聽眾的視角看到自己──我上氣不接下氣，只顧著說卻沒在聽。我深吸一口氣。「謝謝你，碧昂卡。你說得對。我只顧著看時間。我該讓大家了解

> 這個提案才對。我是來聆聽及回答你們的問題的。我們倒帶一下吧。我剛才漏掉誰了？」我有意識地轉換我的能量，這也連帶改變了會議室的氣氛。音量降低了，語氣緩和了。大家漸漸多了笑容。剛才的緊繃氣氛煙消雲散。我爭取到團隊的認同。碧昂卡的誠實救了我。

在大多數組織，中途打斷對方講話，當眾說出批評，多半會被視為沒禮貌而且沒幫助。但若你成功灌輸了誠實這個有用的企業文化，所有人都會同意碧昂卡的回饋是很受用的禮物。碧昂卡的動機是想幫助蘿絲（**以協助為目的**）。她列出蘿絲想改進表現可以採取的具體行動（**可以實際執行**）。蘿絲謝謝對方的回饋（**表達感謝**）。在這個例子裡，她採納碧昂卡提出的建議，也為所有人帶來好處（**採納或捨棄**）。只要遵循四大原則，人人都可以也理當在最受用的時機與場合提出回饋。

在這個例子中，碧昂卡立意良善，但萬一她不是呢？有些愛挑剔的人可以假裝遵循四大原則，其實卻在故意阻撓蘿絲說話或傷害她的名聲。假如你依然覺得誠實太冒險，也是可理解的。我們就來看看培養誠實風氣的第四個建議。

「無私的誠實」和「有能力的混蛋」的差異

我們都和能力很強的人共事過。你一定認識這樣的人：想法很多，能言善道，輕輕鬆鬆就能解決問題。你的組織內才能密度愈高，團隊內有能力的人通常也愈多。

　　但很多能力強的人聚在一起有個風險。有些能力卓越的人，長年以來聽過太多稱讚，漸漸會真的認為自己高人一等。他們可能會對他們覺得不夠聰明的想法嗤之以鼻，聽別人說話結巴就忍不住翻白眼，或是出言羞辱他們覺得能力不如自己的人。換句話說，這些人是混蛋。

　　想在團隊內培養誠實文化，你必須除掉這些混蛋。很多人可能會想：「可是這個人那麼有能力，失去他我們損失太大。」然而不管這個混蛋多有能力，把他留在團隊裡，你就無法受惠於誠實。混蛋行為影響團隊合作的代價太高了。混蛋有可能從內部害組織四分五裂。其中他們最愛用的手段是當面中傷同事，然後又無辜地表示：「我只是說實話。」

　　就連在 Netflix，雖然我們宣揚「不用有能力的混蛋」，不時仍會有員工拿捏不好界線。遇到這種情形，你必須介入處理。原創內容專員寶拉就是一例。

　　寶拉的創意超群，尤其人脈也廣，這是很大的優勢。她投入很多時間研讀劇本，構思如何將一部有潛力的電視影集變成熱門節目。寶拉很努力實踐 Netflix 的企業文化，在各種場合都有話直說且直言不諱。

　　開會時，寶拉發言往往語氣強硬，反覆重申她的想法，有時候還會拍桌子強調重點。別人說話要是抓不住她的要領，她常常會搶話。寶拉顯然也很注重工作效率，她會一邊用電腦一邊聽別人說話，尤其是在她不同意對方觀點的時候。如果別人拐彎抹角或遲遲沒說到重點，她會當場打斷告訴對方。寶拉不覺得自己是混蛋，她只是在用誠實回饋來實踐 Netflix 的文化。但因為她難相處的行為，寶拉已經不在 Netflix 工作了。

　　誠實的企業文化不表示你可以暢所欲言而不必考慮你的話
對別人的影響。恰恰相反，每個人必須仔細想過前述的四大原
則。這代表給予回饋前，你必須先經過思考，有時還要預作準
備，同時也需要主管監督指導。Netflix 影片播放 API 團隊的
工程經理賈斯汀・貝克（Justin Becker），2017 年在會議上發
表了一個實例，標題就叫：「我是有能力的混蛋嗎？」

> 　　我在 Netflix 初期，團隊裡有位工程師在我的專業領域犯
> 了大錯，還發郵件迴避責任，沒有提出修正方案。我很
> 生氣，我把那名工程師叫來，原本只是想把他拉回正軌，
> 我直言批評他的行為。我也不喜歡責備人，但我當下覺
> 得，我是在為公司做好事。
>
> 　　一星期後，他的主管意外地到我座位來找我。他跟
> 我說，他注意到我和該名工程師的談話，嚴格來說他不
> 覺得我有錯，但他問我知不知道對方後來失去動力、什
> 麼事也做不了？我當然不知道。主管又繼續說：你覺得
> 你能不能用讓對方感覺振奮、願意改正問題的方式，告
> 訴我的工程師你需要他怎麼做？沒問題，我應該做得到。
> 很好，以後請務必這樣做。我答應了。
>
> 　　對話時間才不到兩分鐘，卻立即見效。有沒有發現，
> 他沒有指責我是混蛋，反而問我：一、「你的用意是要
> 傷害公司嗎？」二、「你能不能改用合適的方式做這件
> 事？」這些問題其實都只有一個正確答案。如果他只說：
> 「你真是個混蛋。」我可能會反駁：「我才不是。」但
> 改用問題的形式，等於把責任交給我，觸發自我反省，

讓我去思考答案。

　　賈斯汀一開始只有部分遵守了四大原則。他的用意是幫助工程師回到正軌。他也強調自己考慮的是公司的福祉。甚至，他的建言或許也可以實際執行。但他還是給人混蛋的印象，因為他部分違反了誠實的第一條守則：他用給予回饋來發洩怨氣。提出帶有批評的回饋時，照著一般的幾個大原則應有助於調整，例如「不要在你還很生氣的時候提出批評」和「用平和的語氣提出改正的建議」等。

　　當然，我們很多人都當過混蛋。但在賈斯汀的例子裡，他把混蛋行為和誠實直言搞混了。不過賈斯汀能夠調整他的行為，所以現在仍在 Netflix 工作。

 第八章我們會再回顧這個主題，探討另外兩個可用於鼓勵團隊誠實直言的方法。現在，我們來到了……

我們的經驗 2

　　如果團隊成員能力優秀、設想周全而且立意良善，可以開始請他們做一些不盡然符合本能，但對提升公司效率極有幫助的嘗試。請他們誠實給予彼此大量回饋，不要怕質疑權威。

▌II　重點回顧

- 多了誠實敢言，原本優秀的員工會成為傑出員工。經常誠實給予回饋，團隊做事速度和效率將會以指數放大。

- 固定把回饋時間排入議程，為誠實鋪好舞台。

- 遵循四大原則，指導員工有效地給予及接收回饋。

- 領導者要經常鼓勵回饋，收到回饋時務必回應歸屬感線索。

- 除掉混蛋，培養良好的誠實文化。

邁向 F&R 文化

Freedom + Responsibility

大多數組織都有各種管理規定，以確保員工行為符合公司利益，包含公司規定、核准程序和管理監督。

首先，養成高人才密度的工作環境。再來，培養誠實敢言的文化，確定每個人都能接受及給予大量回饋。有了誠實風氣，老闆就不必再當那個糾正員工不當行為的人。當整個群體都能坦率說出哪些行為對公司有益、哪些有害，老闆就不必再那麼費心監督員工做事。

只要上述兩個條件到位，你就能慢慢開始去除控制。接下來的兩章會教你怎麼做。

第三步，開始減少控制……

3a

刪除休假規定

 我在創立 Netflix 前就相信，創意工作的價值不應以投入時間來衡量。「時間就是金錢」是工業時代遺留的觀念，當時的人從事的工作現在已被機器取代。

假如有主管對我說：「里德，我想幫雪莉升職，因為她超級賣力地加班。」我聽了不會太開心。我在意的是什麼？我希望這位主管說：「我們幫雪莉晉升吧，因為她做出很大的貢獻，」而不是因為她綁在辦公桌前不回家。如果雪莉一週只工作二十五小時、躺在夏威夷的吊床上也能對公司做出很棒的貢獻呢？太好了，快幫她多多加薪！她是珍貴的人才。

今天，我們活在資訊時代，重要的是你的成果，不是你一天打卡上班幾個小時，Netflix 這種創意產業的員工尤其如此。我從來沒去注意大家每天工作幾小時。Netflix 在評價員工表現時，勤奮並不重要。

　　不過，直到 2003 年以前，我們依然像我知道的所有公司一樣，實施特休制度，也會記錄請假天數。Netflix 也曾經跟隨主流。員工每年會依照年資分配到固定天數的特休假。

　　後來，有位員工提出的建議帶動我們做出改變。他指出：

> 我們有時候週末全都在線上工作，隨時要回覆電子郵件，占用一個下午的私人時間。既然我們不會記錄每天或每星期工作幾個小時，為什麼要記錄每年休假幾天呢？

　　沒人回答得出這個問題。一名員工可以從上午九點上班到下午五點（八個小時），也能從凌晨五點上班到晚間九點（十六小時），相差整整一倍，但沒有人會加以監督規範。所以我們為什麼要在意員工一年工作五十週或四十八週呢？兩者才差了 4% 而已。派蒂建議我們乾脆廢除整個規定：「我們就把公司的休假政策改成『就休假吧！』（Take Some!）」

　　我喜歡這個主意，我可以讓員工知道，他們是自己人生的主人，有能力自己決定何時工作、何時放假。但我所知道的公司沒有一家這麼做。我很擔心實際執行後的結果。那段時間，我半夜常被兩個惡夢驚醒。

　　第一個夢是夏天。我有一場重要會議，但我遲到了，我飛車駛進公司停車場，衝進辦公室。會議前要做很多準備，需要全公司一起合作。我衝進大門，一邊喊同事的名字：大衛！賈奇！但辦公室鴉雀無聲。怎麼到處都沒人？終於，我在派蒂的辦公室找到她，她披著一條白色羽毛舞孃披肩。「派蒂！大家都去哪了？」我喘得上氣不接下氣。派蒂微笑抬起頭。「嗨，

里德！大家都放假啦！」

　　這是很嚴重的問題。我們的員工不多，要做的事卻很多。要是 DVD 採購團隊五人中有兩個人都休一個月寒假，公司會陷入癱瘓的。員工一天到晚休假不會把公司搞垮嗎？

　　第二個惡夢是冬天，外面下暴雪，像我小時候在麻州家鄉常見的那種暴風雪。積雪堵住了大門，所有人都困在公司裡。長如象牙的冰柱垂掛在屋簷邊。狂風拍打窗戶。辦公室擠滿了人。有的人躺在廚房地板上。有的人呆呆瞪著電腦，目光空洞。我很生氣。為什麼沒人在做事？大家都這麼累嗎？我搖醒地上的人，強拉他們站起來，要他們回去工作，但他們走回辦公桌的樣子活像一具具喪屍。我腦中深處知道，我們為什麼會筋疲力盡地困在這棟大樓裡。因為已經好幾年了，從來沒有人休假。

　　我擔心如果沒有分配特休假，大家會不敢休假。我們的「沒有休假規定」會不會變成「沒有休假」的規定？公司很多的大創新，都發生在員工休假之後。尼爾·亨特就是一個例子。尼爾是英國人，在公司擔任產品長快二十年了。派蒂叫他「竹竿連腦袋」，因為他身高 193 公分，瘦得像鉛筆，頭腦又特別聰明。Netflix 能有今天，許多技術創新都是在尼爾監督下完成的。他很喜歡休假時到戶外從事極限活動。

　　尼爾放假時常常會去一些與世隔絕的地方，每次回來總是能提出厲害的新點子，幫助公司進步。有一次他和太太帶著冰鋸爬上內華達山脈，自己鑿冰屋度過週末。回來以後，尼爾想出新的數學演算法，可以改善我們為客戶篩選電影的機制。員工休假，公司得以受惠，他就是活生生的實例。暫時放下工

作,可以清空大腦頻寬,讓我們能發揮創意,用全新角度看待工作。一直不停工作,反而很難從新的視角來觀察問題。

　　派蒂和我召集高階管理團隊討論那兩個在我腦中盤據不去又相互矛盾的煩惱,思考到底要不要取消休假制度。我們雖然有些不安,最後仍決定開始實驗性地廢除休假規定。新制度將允許所有正職員工什麼時候想休假、休假多久都可以。不必事先請主管准假,不論是員工或主管也都不必記錄請假天數。員工想請假幾個小時、一天、一星期或一個月,都由他們自己決定。

　　實驗進行順利,我們沿用這個制度到現在,也帶來許多好處。無休假限制有助於吸引及留住優秀人才,特別是抗拒打卡的 Z 世代和千禧世代。廢除規定也省去了記錄誰什麼時候休假多久的行政成本。更重要的是,給予自由形同告訴員工:我們信任他們會做正確的事,進而也鼓勵他們為自己的行為負責。

　　話雖如此,如果沒先做到幾個必要的步驟就廢除休假規定,你可能會發現我的那兩個惡夢成為你的現實。首先,第一個步驟是……

主管帶頭示範休長假

　　我最近讀到一篇文章,是一家小公司的執行長採行與 Netflix 相同的休假實驗,結果並不理想。他寫道:

我如果休假兩星期，同事會不會覺得我很懶惰？休假天數比主管多有關係嗎？……我懂。我的公司近十年來實施無限休假制度。隨著員工增加到四十人，上述這些疑問開始在檯面下流動。去年春天，我們的管理團隊決定由全體員工投票表決制度要不要繼續下去。最後結果出爐，員工決定中止無限休假制，支持依據年資排定有限休假天數的制度，對於這個結果我並不意外。

我倒是很意外。我們的無限休假制大受好評，我無法想像這種事發生在 Netflix。我的第一個疑問是，「這家公司的領導階層有沒有自己示範休長假？」繼續讀下去，我找到了答案：

即使身為執行長，在無限休假制度下，我發現自己一年總共只休了兩星期的假。改成新制（有限休假）以後，我有五週特休假，我也打算盡可能用光。對我來說，害怕損失這些我「賺來的」假，才是我休假的動力。

如果執行長自己才休兩星期的假，想也知道他的員工會覺得無限休假制並未賦予他們更多自由。比起不確定的數字和自己只休兩星期的老闆，擁有被分配好的三週特休假，他們才敢休比較多天的假。在沒有硬性規定的情況下，大家的休假天數多半會反映出他們看到老闆和同事休假多久。這也是為什麼，若想廢除公司的休假規定，首先必須要求所有主管多多休假，還要經常討論假期間所做的事。

派蒂從一開始就強調了這點。2003 年，我們開會決定實施

無休假規定實驗時，派蒂就堅持制度要能順利施行，每個主管都要放長假，而且要常常聊到假期。沒有規定時，主管立下的榜樣就很重要。派蒂說，她要看到我們從印尼或太浩湖寄回來的風景明信片貼滿辦公室，而且等泰德・薩蘭多斯七月從西班牙南部度假回來時，所有人都要一起坐下來看完他拍的七千張照片。

　　公司沒有規定的時候，多數人會觀察自己的所屬部門，設法掌握「柔性限制」，也就是可被接受的範圍到哪裡。我向來喜歡旅行，在我們還沒取消休假規定之前，我就已經常常休假了。但在取消規定之後，我開始會跟任何有興趣聽的人大聊假期發生的趣事。

剛開始與里德合作時，我預期他會是個工作狂。出乎意料的是，他好像常常在放假。我難得到洛斯加托斯的時候，他說不巧無法碰面，他正在阿爾卑斯山間健行，還跟我抱怨他和太太前一週住在義大利時，因為枕頭凹凸不平，害他落枕了。在那同時，一名前員工也告訴我，他和里德才剛去斐濟參加一週的潛水遊覽團。據里德自己的說法，他一年休假六個星期，但根據我有限的經驗，我會說是「至少」六個星期。

　　里德以身作則，是無限休假制度能在 Netflix 成功的關鍵。執行長不親身當榜樣，頒布的方法很難行得通。儘管如此，里德多休假的做法，在 Netflix 某些部門成效很好，在另一些部門卻沒那麼成功。假如里德手下的主管沒有跟著做，這些主管下面的員工聽起來往往就有點像里德夢中的喪屍。

行銷主管凱爾就是一例。凱爾進 Netflix 之前是報社記者，很享受截稿時限帶來的壓力和刺激感：「半夜時，突發新聞剛傳來，報紙再過幾小時就要印刷了。沒什麼比這種分秒必爭的感覺更刺激了，只用短短幾小時就把原本得花好幾天的企劃趕出來，那份成就感難以言喻。」凱爾的小孩都大了。他年紀近六十，最近才加入 Netflix 好萊塢分部帶領其中一個部門。他來到 Netflix 以後，仍用以前面對截稿壓力那種方式在工作──部門裡的每個人自然也養成這種工作模式。「我們全都瘋狂地工作，但那是因為我們對工作充滿熱情。」凱爾休假不多，也不常談論假期，而凱爾部門的每個人都很清楚他所傳達的訊息。

行銷經理唐娜就是一個不斷加班的例子。根據智慧手表記錄，唐娜前一晚只睡了四小時三十二分鐘。每天忙碌到深夜，隔天繼續早起努力，為了完成她口中「堆積如山做不完的事」，已經變成她的常態。她有兩個孩子，從第一個孩子出生到現在，唐娜已經四年沒有休過「不必處理公事」的假。「感恩節我會請幾天假去看我媽媽，但幾乎所有時間都窩在洗衣間處理工作的事。」

為什麼唐娜不善用 Netflix 給予員工的自由，多休假呢？「我先生是動畫師，專門畫卡通。我是家裡的經濟支柱。」唐娜拼命工作，因為她的上司和團隊裡其他人都是這樣，她不希望自己看起來像在扯後腿：「Netflix 的理念很好，但有時候理想與現實的差距太遠，需要領導人發揮能力來弭平差距。假如領導者沒立下好榜樣……我猜我就是那個結果。」

隨著 Netflix 日益成長，雖有里德示範和派蒂指引方向，

還是有一些部門沒能效法。在這幾個部門，「沒有休假規定」的確有點像「沒休假」的規定。但 Netflix 也有很多主管會有意識地效法里德的榜樣，努力多休假，也盡量讓大家看到。只要主管這麼做，部屬也會開始用各種令人驚奇且有益的方式，運用 Netflix 賦予他們的自由。

格雷格・彼得斯（Greg Peters）2017 年接替尼爾・亨特當上產品長，他就是個好例子。格雷格平常上午八點到公司，下午六點前下班回家，陪小孩吃晚飯。格雷格很重視放長假，他會利用假期陪太太回東京探望娘家，他也鼓勵員工多休假。「身為領導者，我們說的話只占了一半，」格雷格解釋，「部屬也會觀察我們怎麼做。如果我嘴上說：『我希望你找到工作和生活健康的平衡，』結果自己一天在公司待十二小時，大家會模仿的是我的行為，不是我說的話。」

格雷格用行動大聲傳達理念，他的團隊也聽到了。

格雷格團隊裡一位工程師約翰，開的車是 1970 年產的棕黃雙色奧茲摩比（Oldsmobile）經典老車，塑膠皮長凳式座椅，木質儀表板，造型復古。約翰很享受開車去 Netflix 矽谷總部上班的路途，彷彿穿越回到 1970 年代。而且這輛復古車空間充足，放得下他的越野單車、他的吉他、他養的羅德西亞脊背犬，和他一對六歲的雙胞胎女兒。對於這樣的工作與生活平衡，約翰偶爾會有點內疚：

> 現在才十月，我今年已經休了七週的假。我的上司也休很多假，但我覺得他們大概不知道我休這麼多天。沒有人會多問或多眨一下眼睛。我喜歡騎單車、玩音樂，小

> 孩也正需要我陪。我常常會想，我拿這麼多薪水……是
> 不是應該多花點時間工作？但我仍做出了很多貢獻，所
> 以我告訴自己，沒事的，現在這麼美好的工作與生活平
> 衡……是我應得的。

格雷格團隊中的其他人，也各自有安排生活的巧思，但是在傳統休假制度下絕不可能實現。高階軟體工程師莎拉一週工作七十到八十個小時，但每年會休假十星期。最近，她去了一趟田野調查之旅，到巴西亞馬遜叢林探訪亞諾瑪米族（Yanomami）部落。莎拉喜歡像這樣幾星期集中火力工作，接著幾星期去做完全不一樣的事。「這是 Netflix 給予休假自由的最大好處，」她說。「重點不是可以休假比較多天或比較少天，而是你可以用任何你喜歡的瘋狂方式安排你的生活——只要維持良好工作表現，沒有人會覺得你奇怪。」

主管行為的影響力之大，甚至可以抵銷文化的成規。格雷格當上產品長以前曾在 Netflix 東京分部任職總經理。日本上班族是出了名地工時長、休假少，工作到暴斃的故事時有所聞，日語甚至有「過勞死」這個專有名詞。日本上班族平均一年只用七天休假，更有 17% 的人一天都沒放假。

三十歲出頭的經理春華（Haruka，譯名），某一晚在享用啤酒和壽司時告訴我：「我前一份工作在日商公司。整整七年，我每天早上八點進公司，半夜才搭末班電車回家。七年裡我只休過一星期的假，因為在美國的姊姊要結婚了。」她的經驗在日本十分普遍。

進入 Netflix 工作改變了春華的生活。「格雷格在的時候，

他每天晚餐時間準時下班，其他員工也一樣。他常常休假去沖繩旅遊，或帶孩子去北海道新雪谷滑雪，回來還會給我們看他拍的照片。他也會問起我們的假期，所以大家也開始會安排休假。我現在最怕的就是萬一離開 Netflix，我又得重回沒有休假、每天漫長到令人窒息的生活，因為 Netflix 給員工的工作生活平衡真的很好。」

格雷格這個美國人，竟然成功讓全公司的日本人像歐洲人一樣地工作與休假。他沒有制定規則或嘮叨員工。他只是親身示範行為並傳達期待。

　　如果你想廢除組織內的休假規定，首先請以身作則。即使我在 Netflix 帶頭示範一年休假六星期，也鼓勵高階主管這麼做，但凱爾和唐娜的故事依然顯示了多放長假的理念要能實際往下影響員工行為，需要不斷的提醒和關心。但如果你和高階主管自己做好希望團隊追隨的榜樣，就不必擔心哪一天得把太久沒放假的喪屍從茶水間地板上拉起來。

領導者的示範，是無限休假制度能順利運作的第一個要素。另一個很多人的擔心，是怕員工會濫用這種自由，在不當時機連休幾個月的假，破壞團隊分工，對公司造成損害。因此我們要談到成功廢除休假規定必備的第二個步驟。這個步驟做得好，也有助於解決組織內所有主管本身的問題，例如凱爾沒有示範多放假，進而使他的團隊沒能在工作與生活之間取得健康的平衡。

刪除規定後，溝通變得更重要

....

2007 年，萊絲莉・齊爾果寫下「充分資訊，放心授權」這句話（第九章會再深入討論），但我們 2003 年廢除休假規定時，還沒有這條指導原則，我們只想到主管自己必須時常休假並經常談論假期。除此之外，我們沒有多想是不是該具體說明前提或提供哪些資訊，我們只和大家說，未來沒有指定的休假天數，也不會記錄你休假幾天。就這樣。實施幾個月後，問題開始逐一浮現。

我們在 2003 年廢除休假規定。2004 年 1 月，會計部的主管到我辦公室抱怨：「多虧你的英明決策，把休假規定刪掉了，今年的結算得延後了。」每年一月初的兩週是會計最忙碌的時候，但這名主管團隊裡的一名員工，厭倦了每次元旦假期結束就得馬上回來上班。她主張自己有權休假兩個星期，部門因此陷入混亂。

又有一天，我在廚房的水果區遇到一名經理。她雙眼浮腫，臉上妝花了，好像剛剛哭過。「里德，這個休假自由快把我搞死了！」她的四人團隊正面臨龐大時限壓力。有一名員工下週要開始休育嬰假了，現在又有一個人跟她說兩週後要休假一個月到加勒比海玩，經理覺得自己沒有權力拒絕。「這就是賦予自由的代價，」她哀怨地說。

所以我們必須談到成功廢除休假規定關鍵的第二步。刪除規定以後，部門往往會不知道該如何運作。有些人會頓時不知道怎麼辦，除非主管明白告訴他們可以做哪些事。你不告訴他

們：「去休假吧。」，他們就不敢休假。也有些人會以為自己獲得完全的自由，任何不當的行為都可以被接受，例如在會增加其他同事負擔的時候跑去度假，不只有害團隊效率，最終還可能導致主管無奈之下把員工開除，對誰都沒有好處。

　　沒有明文規範後，每位主管都應該花時間與團隊溝通，說明哪些行為可被接受，哪些並不適當。會計主管應該向團隊解釋，哪幾個月可以自由休假，但一月所有會計人員都禁止休假。哭腫眼睛的經理應該與下屬討論，設下休假條件，比方說「同一時間團隊只能有一人休假」或「安排休假前要先確定不會害其他同事悲從中來」。主管給予的脈絡愈清楚愈好。會計主管可以說：「休假一個月，請至少提前三個月告知，如果只是休假五天，通常提前一個月告知就行。」

　　隨著公司規模擴大，主管設立條件及示範行為的方式也有愈來愈多變化。Netflix 因為成長和變動都快，很容易感覺壓力大到快招架不住。主管只要思慮不夠周全、不夠警覺，很快就會發現團隊裡出現一支唐娜大軍。凱爾的過失不只是沒有以身作則示範休假，他也沒有設定條件，說明他期待團隊如何利用休假來維持健康的工作生活平衡。我處理這類情形的方法，就是更努力提供脈絡，示範我希望主管們如何與團隊共同討論。我用來示範的一個主要場合，就是我們的季度會議，公司所有部門主管和副總裁（職位列於前 10％到 15％的員工）每年有四次齊聚一堂。只要我聽見有人沒休假的傳言開始流傳，就表示該把休假放進季度營運會議的議程了。我在會議上有機會談談我們理想中的工作環境，高階主管也有機會分組討論他們用哪些方法協助員工取得健康的工作生活平衡。

就算沒人利用，休假自由也有附加價值

....

Netflix 不再記錄員工休假天數以後，也有其他公司開始效法，例如科技業的 Glassdoor、LinkedIn、Songkick、HubSpot、Eventbrite， 以及法律事務所 Fisher Phillips、高誠公關（Golin）及行銷顧問公司 Visualsoft。

2014 年，英國企業家理查‧布蘭森也在維珍集團旗下的維珍管理採行無規定政策。他寫了一篇文章解釋他的決定：

> 我最早得知 Netflix 的做法，是我女兒荷莉讀到《每日電訊報》（*Daily Telegraph*）的報導後，立刻把文章轉傳給我，她興奮地寫說：「爸，你看這個！」這個理念我自己也和人討論過一陣子，不記錄員工的休假天數，很符合維珍作風。女兒接著寫道：「我朋友的公司也做了相同決定，結果各項指標都明顯上升——員工的士氣、創意、生產力，全都突破天際。」我自然想了解更多。
>
> 　很有趣的是，最棒的創新往往被形容為「聰明」且「簡單」—— Netflix 發起的這個做法，絕對是我長年以來聽過最簡單也最聰明的方法。我很慶幸能說，我們在原本休假規定相對嚴格的英國及美國母公司也採納了相同的方法。

Webcredible 執行長崔頓‧摩斯（Trenton Moss）也廢除了

公司的休假規定。他表示這麼做不僅能吸引好人才，也提高了
員工滿意度：

> Netflix 主張一個超優人才勝過兩個一般人才，我們也以
> 此為榜樣。業界現在非常需要能優化使用者體驗的專業
> 人士，留才成為一大挑戰（廢除休假規定很有幫助）。
> LinkedIn 上面經常有人想挖角我們的人，我們的產業又
> 有很多人才是千禧世代，他們步調快，喜歡不停移動。
> 無限休假制度很容易施行──你只需要創造信任的環
> 境，在我們公司，我們透過三個原則建立這樣的環境：
> （1）行動永遠考量公司最大利益。（2）永遠不做會妨
> 礙他人完成目標的事。（3）盡最大努力完成自己的目標。
> 除此之外，員工想怎麼安排休假都沒問題。

另一家公司 Mammoth 決定先實驗看看 Netflix 的政策，再
評估反應，結果發現很有趣的現象。執行長納森・克里斯汀生
（Nathan Christensen）寫道：

> 我們公司不大，我們喜歡這種能傳達「我們信任員工」、
> 也能去除繁複流程的理念。我們同意試行一年再評估。
> 那一年，這個政策成為員工評價最高的公司福利之一。
> 將滿一年時，我們調查發現，無限制休假在員工心目中
> 是排名第三的公司福利，只輸給健康保險和退休津貼。
> 甚至勝過視力保險、牙醫保險、專業培育等幾項得分也
> 很高的福利。

　　克里斯汀生的員工讚賞這項福利，但並未因此濫用：「在無限休假制之下，他們的休假天數和前一年大抵相同（約十四天，大多數員工休假在十二天到十九天之間）。」

　　Netflix 未記錄休假天數，所以沒有員工平均休假多少天的數據資料，不過曾有人設法訪查。2007 年，加州聖荷西《信使報》（*Mercury News*）記者比利斯坦（Ryan Blitstein）想進行調查。某天一早，他來到辦公室，很期待挖到八卦。「Netflix瘋狂的休假制度！」這會是灣區的頭條。他問派蒂：「聽說你們員工會請假幾個月去異國探險？那工作還是能完成嗎？」派蒂沒直接回答，她寄了一封電子郵件給全體員工：「記者今天會在辦公室走走看看，大家都可以和他聊聊。」他在員工餐廳問了 Netflix 員工很多問題。

　　一整天下來，比利斯坦很挫敗。「這裡根本沒八卦！大家做的事平凡無奇。你知道員工跟我說什麼嗎？他們說很喜歡這個休假政策，但他們的休假方式沒什麼不同，沒比較多，也沒比較少。根本挖不出什麼獨家新聞！」

給予自由，換來負責

我以為不再記錄員工休假之後，天一定會塌下來，但其實沒什麼太大改變，除了大家看起來比從前滿意，還有一些比較特立獨行的員工，例如希望連續三週工作八十個小時，然後去巴西亞馬遜叢林探訪亞諾瑪米族部落的那位同事，特別喜歡這樣的自由。我們想

出了一個方法，讓這些高績效工作者對生活有多一點掌控，大家也因此感覺多了點自由。因為人才密度高，我們的員工本來就很負責。也因為我們有誠實的文化，要是有人濫用制度，不當利用公司給予的自由，其他人也會直接說出那種行為所造成的不良影響。

同時還發生另一些事，給了我們很重要的啟示。我和派蒂都注意到，大家似乎愈來愈願意當責，即便只是一些很小的事，例如開始有人會主動把冰箱裡過期的牛奶拿去倒掉。

給員工多點自由，結果是他們更願意當責，做事更負責任。我和派蒂因此寫下「自由與責任」這個詞。重點不只是應該同時擁有兩者，而是這兩者是相輔相成的。我漸漸發覺，自由不是負責的反義詞，而是通往負責的途徑。

記住這點，我開始省視還有哪些規定可以刪除。差旅和費用報銷規定就是下一個。

‖　重點回顧

- 廢除休假規定時，向員工說明往後不須事先徵求批准，員工或主管都不必記錄請假時數或天數。
- 想請假幾小時、一天、一星期或一個月，皆由員工自己決定。
- 廢除休假規定後，不免會遇上人力空窗。團隊主管應與部屬充分溝通，以填補空窗。大量的溝通討論勢在必行，員工才會清楚知道應如何安排休假。
- 主管以身作則是引導員工行為的關鍵。沒有休假規定，主管卻從不休假，只會演變成沒有休假的公司。

放鬆更多控制……

3b

廢除差旅和費用規定

1995 年，Netflix 還未創立，Pure Software 的業務總監葛蘭特面紅耳赤衝進我的辦公室，大力甩上門。我們的員工手冊上寫著：拜訪客戶可以租車或搭計程車，但不能兩者同時。「我租了車！到客戶公司車程要兩小時！計程車資會很貴，所以我選擇租車。」葛蘭特解釋。「但是其中一天晚上，有許多客戶會參加的一個活動，離我下榻的飯店只要十五分鐘。我知道聚會大家都會喝酒，所以搭計程車去。結果現在財務說，十五美元的計程車資不能報帳，因為我有租車。」葛蘭特很氣這種不知變通的規定。「你難道寧可我酒駕嗎？」我和派蒂花了一個小時商量該怎麼改寫員工手冊，以因應未來的突發狀況。

幾個月後，葛蘭特辭職了。「看到高階主管都是怎麼浪費時間的，我對公司失去了信心，」他在離職面談的時候說。

葛蘭特是對的。到了 Netflix，我不想再有任何人浪費時間

在商量這種事。我也不希望公司的人才覺得有這些愚蠢的規定妨礙他們活用頭腦，做最好的選擇。層層規定很明顯會扼殺一個追求創新的職場必備的創意環境。

　　Netflix 早期就像所有新創公司，沒有明文規定員工出差時，誰能花多少錢、住什麼等級的飯店，因為公司小，每一筆重要花費都有人會看到。員工可以自由採購需要的物品，要是花費太多，總有人會發現與提醒。

　　但到了 2004 年，公司上市已經兩年。多數企業在這時候漸漸已擬定了許多規則。我們的財務長巴瑞給我一份檔案，列出新的費用報銷和差旅規定的提案，基本上就是多數中型到大型企業會使用的規則，內容寫得很細：哪個級別的主管可以搭商務艙、員工添購辦公室用品在多少金額以下不必另行核准、購買新電腦等較昂貴設備需要哪些人簽名。

　　我們才剛廢除休假規定，有鑑於這項措施產生的影響，我堅決反對再制訂任何新的規定。我們已經證明，只要有好的員工，管理階層以身作則，再加上充分的溝通，不用那麼多規定，大家也能運作得很好。巴瑞同意，但也不忘提醒我，我們必須給予充分資訊，才能協助員工了解如何審慎花用公司的錢。

　　我在舊金山半月灣召開會議，討論如何在無規定的情況下，給予員工費用支出的原則。我們看了一系列案例，有些分際很清楚，例如員工若用聯邦快遞寄耶誕禮物給親戚，自然不應該向 Netflix 報帳。但我們很快發現不少模稜兩可的情況。假如泰德為公事到好萊塢參加派對，買了一盒巧克力送給派對主人，他可以報帳嗎？假如萊絲莉每週三在家工作，她的印表機使用的紙張算不算工作上的花費？如果她女兒也用同一疊紙

印學校報告呢?

只有一種情況我們一致認同,就是如果有員工盜用公司財產,就應該解雇。但就在這時,一位名叫克蘿伊的主管發言:「我星期一盜用公司財產了。我為了完成一個案子加班到晚上十一點,來不及替孩子準備隔天的早餐,所以我從茶水間拿了四盒迷你穀片。」好吧,聽起來也合情合理。這個例子只是更加突顯為什麼規則和政策總是無法照顧到所有情況。現實生活有太多細微的差異,政策再怎麼縝密也追不上。

我於是建議,我們以後只要求大家節約用錢。員工添購任何東西以前應該審慎考慮,就像花自己的錢一樣。我們寫下第一條花費原則:

花公司的錢,就像在花自己的錢

我很滿意。我自己花錢向來節儉,用公司的錢也很節儉,我以為別人也會和我一樣。但結果證明,不是每個人都那麼吝嗇,每個人的用錢習慣天差地遠,也因此產生許多問題。其中一個例子來自當時的財務副總裁大衛·威爾斯(David Wells)。2004 年,我們正在討論這個議題時,大衛加入Netflix 團隊,從 2010 年到 2019 年都是我們的財務長。

> 我在維吉尼亞州的農場長大。從我們家要走一英里才有泥土小徑,位置非常偏僻。我家周圍是兩百英畝的樹林空地,我和我的狗星星整天在林子裡追昆蟲、拋樹枝。
>
> 我不是含金湯匙出生的人,也沒有奢侈的習慣。聽到里德說,把出差當成是在花自己的錢時,對我來說就

代表搭經濟艙、住便宜的旅館。我是管財務的人，這麼
做在財務上也比較合理。

　　推行新政策一陣子後，我們在墨西哥有一場主管
會議。我上了飛機，往後段的經濟艙走去，忽然看到
Netflix 內容團隊的人全都坐在頭等艙，換上舒適的機上
拖鞋翹腳放鬆。頭等艙座位那麼貴，何況洛杉磯飛往墨
西哥市只有幾個鐘頭。我走過去打招呼，有幾個人看起
來很尷尬。但重點來了，他們不是因為坐頭等艙而感到
尷尬，而是替我覺得困窘──堂堂公司高階主管，竟然
跑去後面坐經濟艙！

　　我們很快發現，「花公司的錢，就像在花自己的錢」不是
我們真正希望員工展現的行為。公司裡一位薪資優渥的副總拉
爾斯就曾開玩笑說，他因為享受奢侈生活，只好甘心當月光
族。伴隨這種生活方式而來的花費，不是我們期望的結果。

　　所以我們把費用和差旅規定改得更簡單。直到今天，全公
司的差旅和費用規定依然只有這幾個簡單的字：

以 Netflix 的最大利益為考量

　　如此一來，運作順暢多了。內容團隊全體從洛杉磯搭商務
艙飛墨西哥，不符合 Netflix 的最大利益，但如果你必須從洛
杉磯搭紅眼班機飛往紐約，隔天一早就要報告，這時搭商務艙
才符合 Netflix 的最大利益，以免你在重要關頭卻帶著黑眼圈，
說話含糊不清。

不花自己的錢，買對你跟你的工作都有益的東西，還有比這更誘人的事嗎？

想想以下的可能性。你出差去泰國拜訪同事、開幾個會。曼谷的天氣宜人，泰式按摩舒服得不得了。你可以順便換掉上次出差時輪子壞掉的行李箱 —— Tumi 牌的行李箱多貴啊！當然，公司通常不會幫忙出行李箱的錢，但你的行李箱很明顯是在出差時壞掉的，所以理由正當。

另一方面，假如你是公司老闆，同一條簡單原則有可能害你焦慮到全身起紅疹。放任員工隨意花公司的錢到處亂跑，不須經過核准？代價肯定很高昂，甚至可能把公司推向破產。當然也不乏誠實又節儉的人，但絕大多數人會想盡方法最大化自己的利益。

這不只是個人悲觀的預感。研究顯示，遠超過半數的人並不介意鑽組織漏洞為自己謀取更多好處，只要他們覺得不會被抓到。奧地利林茲大學研究員普拉克納（Gerald Pruckner）和維也納大學經濟學系教授索格盧伯（Rupert Sausgruber）設計了一項研究，想知道一般人在這一類情境下有何反應。他們把報紙放在盒子中販售，沒有店員看顧，盒子上有標價，路人拿走一份報紙，應該往投幣孔投入相應的金額，一旁有告示提醒大家做人要誠實。結果約有三分之二的人拿走報紙卻沒付錢，不誠實的人很多。相信你的員工都是那三分之一的老實人，未免太天真了。

這些故事聽來誘人又駭人，但 Netflix 的花費實況卻和報紙實驗大相逕庭，既不如你想像中隨意大手筆，也沒有那麼可

怕。因為他們前有溝通，後有檢查。員工是有很大的自由可以自行決定如何花費公款，但很顯然並非毫無條件。

事前充分溝通，事後留意花費

Netflix 的新進員工往往想趕快搞清楚哪些錢可以花、哪些錢不該花，我們會提供他們做正確決定需要的背景資訊。大衛‧威爾斯任職財務長的十年間，在我們的「新生學院」為新進員工立下了第一版的資訊。他這樣說明：

> 花任何錢之前，請想像你站在我和你主管的面前，說明你為什麼會選擇搭這趟班機、住這間飯店、買這支手機。如果你能說明為什麼花這筆錢符合公司的最大利益，那就不必多問，直接買就對了。但若你覺得理由解釋起來有點不自在，請先不要買，找你的主管商量商量，或改買便宜一點的選項。

這就是我說「事前充分溝通」的意思。大衛提醒大家要想像向主管解釋購買理由的場景，並不是單純的假想練習。你如果不謹慎花錢，很有可能**真的得去當面解釋原因**。

在 Netflix，不必先填採購單，等主管核准後才能購買某樣東西。你可以購買之後拍下收據照片，直接去請款。但這不代表沒人留意你把錢花到哪裡去了。財務團隊提供兩種方法防止

不當開支，主管可以選擇要採用哪一種，或是結合兩者。第一個方法部分展現了自由與責任精神，第二個方法則是完全訴諸自由與責任。

　　如果主管選擇第一個方法，就會像這樣：每逢月底，財務團隊會寄給每位主管一封附連結的電子郵件，列出每名員工這個月所有的報帳收據。主管可以逐一點開瀏覽每個人花了哪些錢。派蒂還在 Netflix 時選擇這個方法，每月三十號都很勤勞地點開財務部的信，仔細檢查人資部門員工的花費，往往會發現有幾個人過度支出。派蒂回憶 2008 年的一個事件，當事人潔米是人資團隊的新人：

> 某個星期五傍晚，我正準備下班回家，兩個產品部門的人來找潔米，他們要去矽谷一家昂貴的米其林希臘餐廳 Dio Deka。我說：「你們下班要去小酌？」但潔米回答：「不是，我們要開晚餐會議。」
>
> 　　月底我收到團隊的花費明細，看到潔米在 Dio Deka 消費四百美元的收據。我覺得不對勁，於是問她：「潔米，這是你前幾週和產品部的人去吃飯的帳單嗎？」結果真的是！她解釋說，是約翰開了一瓶很貴的葡萄酒。「約翰和格雷格喜歡好酒。」我聽了滿肚子火！
>
> 　　我說：「他們兩個想喝幾百美元的葡萄酒沒有問題，公司付他們的薪水絕對夠他們自掏腰包！」

　　派蒂趁這個機會，跟潔米溝通了她需要知道的大原則：

> 「如果是請客戶吃飯，花這樣的錢是可以的，如果客戶
> 想點一瓶好酒也無妨，那都是你工作的一部分。但你們
> 現在是用公司的錢自己去聚餐，這非常差勁！想和同事
> 出去玩沒問題，但是應該自己出錢。如果你們想找地方
> 開會，請去會議室。這種事不符合 Netflix 的最大利益。
> 請善用判斷力。」

　　通常只要溝通一兩次，充分說明之後，員工就能掌握要
領，知道如何妥善花用公司的錢，問題也就差不多解決了。當
員工意識到主管會留意開支，也就不太會再去挑戰底線。這是
減省開支的一個方法，但 Netflix 很多主管偏好另一個更極端
版本的自由與責任。

　　決定完全訴諸自由與責任的主管選用第二種做法，完全省
去查看收據的行政麻煩，把亂花錢問題交給公司內部的稽核部
門審查。但一旦被查到濫用，那名員工也不用混了。

　　行銷主管萊絲莉・奇爾果解釋說：

> 我們行銷團隊幾乎天天出差，班機和住宿的飯店都自己
> 選。我會事先模擬幾種情況，協助部屬做費用方面的決
> 定。如果你必須趕紅眼班機，隔天一早馬上要開始工作，
> 搭商務艙很合理。如果你能提前一天抵達，搭夜間經濟
> 艙省錢，當然更好，Netflix 也會多出那一晚的住宿費。
> 但短程還搭商務艙幾乎從來不符合 Netflix 的最大利益。
> 　　我告訴部屬，我從來不看他們的花費報告，但財務
> 部門每年會抽查全公司一成的花費。我相信他們會謹慎

花錢，為公司的錢精打細算，要是財務部門查出有人亂
花錢，該名員工會立刻被解雇。沒有記一次警告的機會，
只有「濫用自由就滾蛋」──而且你還會被當作不良範
例來警剔其他人。

這正是自由與責任的核心精神。你的團隊如果有人濫用你
給予的自由，你就必須大動作開除他，讓其他人明白問題的嚴
重性。不這樣做，自由就行不通。

投機取巧難免，但利大於弊

給予員工自由，即使充分溝通過，也說明了濫
用的嚴重性，不免還是會有小部分的人投機取
巧。發生這種事時，別反應過度、急著設下更
多規定。專注處理個別案例，然後放下過去向
前走吧。

Netflix 也有過投機取巧的人。最常被提起的案例是一名台
灣的員工，他經常出差，好幾次偷偷在行程中安插奢華假期，
也是公司出錢。他的主管沒檢查收據，財務部門也整整三年沒
有查他的帳，等到揪出他的時候，他已經花了超過十萬美元的
公款去私人旅遊。不用說，他當然被開除了。

大多數案例中，員工多還不至於詐領公款，只是會鑽漏
洞。企業營運部門的副總裁布倫特·維金斯（Brent Wickens）

管理公司在全球的所有辦公空間。某一年春天,他團隊裡一位
員工蜜雪兒連續多次到拉斯維加斯出差。布倫特會檢查部門的
花費,不過一年只抽查幾次。

> 某天晚上我睡不著,隨手點開一封電子郵件內的連結,
> 郵件主旨是「部門員工花費細目」。我一路瀏覽了手下
> 好幾個人的資料,忽然看到一條不尋常的細項。蜜雪兒
> 有一筆在拉斯維加斯韋恩賭場的旅遊支出,以「飲食費」
> 名義報銷,金額高達一千兩百美元。兩天行程要怎麼吃
> 掉這麼多錢!我很好奇,把她前幾個月的報銷紀錄也找
> 出來看,發現好幾筆項目看起來怪怪的。她某個星期四
> 到波士頓出席會議,之後與家人共度週末。那個星期五
> 晚上就有一筆餐廳支出一百八十美元。她和家人吃飯也
> 報公帳?
>
> 　我等辦公室只剩我和蜜雪兒,才開口問這些費用是
> 怎麼回事。結果我一問,她就愣住了。她沒有解釋,沒
> 有道歉,沒有藉口,無話可說。隔週我就請她走人。她
> 在收拾東西時還不停咕噥這一定是搞錯了。我感覺很糟,
> 而且至今還是不清楚到底發生了什麼事。聽說她去了其
> 他地方發展得很好。我們給予的自由不適合她。

下一屆季度會議,Netflix 當時的人資長上台對三百五十名
與會聽眾講了蜜雪兒的故事,詳述濫用公款的情形,但沒有公
布她的姓名和部門。她請與會者回去與團隊分享這個故事,讓
每個人都清楚濫花公款的嚴重性。Netflix 公開揭露醜事,讓其

他人能從中學習。布倫特為蜜雪兒感到遺憾，但他明白向大家說明實情有多重要。做不到這種程度的透明化，費用核銷自由就行不通。

這份自由帶來的最大花費，大概就是選擇搭乘商務艙的人數增加。Netflix 內部也不斷討論是否應該設下條款，限制差旅乘坐商務艙，但高階主管大多還是偏好現行制度。大衛·威爾斯任職財務長時估計，目前的差旅支出約比採行批准制度高出10%。但里德表示，與自由帶來的巨大好處相比，這10%的代價只是小錢。

自由、效率和（意外的）省錢

還記得葛蘭特嗎，我在 Pure Software 時期的業務總監？他氣沖沖地來找我抱怨計程車資不能報銷。他覺得公司用繁瑣的規定釘住了他的翅膀。規定綁手綁腳，讓他很難做出正確決定。

這些話讓我意識到這攸關我們所有的員工。我想像公司的四百名員工全都像渴望飛翔的麻雀，但一捲一捲的紅色膠帶把所有人的翅膀黏死在辦公桌上。我從來不想用官僚體系扼殺員工的創意和效率。費用報銷規定只是乍看之下是個降低風險與省錢的好方法。

不過，本章傳達的最重要概念是：就算在你給予自由後，員工花的錢稍微變多，代價依然小於無法發揮創意的工作環境。用填表格、申請批准的方式限制他們的選項，不只會讓員

工感到灰心,還會失去低管制環境所具備的效率和彈性。我最愛的一個例子發生在 2014 年,一位初級工程師發現一個亟待解決的問題。

　　那天是 4 月 8 日,星期五上午 8 點 15 分,合作夥伴接洽部門的主管奈吉・巴蒂斯特(Nigel Baptiste)抵達 Netflix 矽谷總部。天氣很好,奈吉吹著口哨,在四樓開放廚房倒了杯咖啡,悠哉地走回他和團隊的工作區,他們正在測試 Netflix 在三星和索尼等官方合作夥伴生產的電視上的串流品質。但奈吉一走回工作區,就愣在原地,口哨聲也停了。他看到的景象,應該說他沒看到的景象,令他驚慌不已。他回憶道:

> Netflix 投資重金,希望顧客在超高畫質的 4K 電視上也能收看《紙牌屋》,問題是直到目前為止,基本上沒有電視支援 4K。我們空有新穎的超清晰畫質,但沒幾個人看得到。現在,我們的夥伴三星推出了目前市場上唯一的 4K 電視,價格昂貴,而且沒人知道消費者會不會買單。我那年的一大目標就是希望與三星合作,讓更多人能用 4K 畫質收看《紙牌屋》。
>
> 　　我們有一個小的媒體曝光機會,《華盛頓日報》的高科技產品線記者福勒(Geoffrey Fowler)約有兩百萬讀者,他答應用三星的新電視收看《紙牌屋》進行實測。星期四,三星的工程師帶著 4K 電視來到 Netflix 與我的工程師先作測試,確保福勒先生有絕佳的觀看體驗。星期四傍晚,電視測試完畢,我們都安心地回家了。
>
> 　　但星期五早上,我來上班,電視居然不見了。我去

問了設備部門，才知道新電視和我請他們清理的一批舊電視一起被丟了。

這下子慘了。新電視預定要在兩小時內送到福勒家的客廳。現在聯絡三星那邊的人也來不及了。我們得趕在十點前再買一台電視。我開始聯絡市區每一家電器賣場。前三通電話得到的答覆都是：「不好意思，我們沒賣高畫質電視。」我的心臟都跳上了喉嚨，看來我們趕不上了。

就在我快哭出來時，我們團隊裡最資淺的工程師尼克衝進公司。「奈吉，你放心，」尼克說，「我處理好了。我昨晚來公司看到電視被扔了，你沒回我電話和簡訊，所以我開車去特拉西的百思買（Best Buy）買了同款電視，今天早上測試過了。電視的價錢是兩千五百美元，但我當下覺得這樣做是對的。」

我目瞪口呆。兩千五百美元！想想看，一個初級工程師覺得公司授予他這麼大的權力，可以未經批准就花下這麼大一筆錢，只因為他覺得這是對的決定。我當下鬆了一口氣。這種事在微軟、惠普，或其他任何我待過的公司絕不可能發生，因為他們都有層層簽名批准的規定。

最後，福勒很喜歡高畫質串流，4月16日在《華爾街日報》刊出他的評論：「就連處變不驚的總統法蘭西斯·安德伍（Francis Underwood）在高畫質下也冒汗了。我用高畫質電視播放 Netflix 影集《紙牌屋》時，還看得見飾演副總統的凱文·

史貝西（Kevin Spacey）嘴唇上方的汗珠。」

　　我不希望有太多規定妨礙員工及時做出適切決定。對 Netflix 和三星來說，福勒的評論價值比那台電視高出好幾百倍。尼克的行動只依據簡單的指導原則：「以 Netflix 的最大利益為考量」。這份自由讓他能善用判斷力，做對公司好的事。但自由不是廢除費用規定的唯一好處。第二個好處是，少了冗長的程序，做任何事效率都提升了。

當一家公司從高效率、高彈性的新創企業，慢慢變成成熟企業時，往往會設立專責部門監督員工的花費，管理者雖能從中獲得控制感，但這也會大幅拖累工作效率。產品創新主管珍妮佛・尼瓦（Jennifer Nieva）以她在惠普工作時為例：

　　我很喜歡在惠普工作，但 2005 年有一個星期，我真的氣到耳朵冒煙。

　　我被指派負責一個大案子，我從一開始就知道接下來半年，我需要找幾位專業的外部顧問合作。我找了八家顧問公司，終於選定一家。他們收費二十萬美元。我急著開始，因為如果拖太久，找好的顧問就會被指派給其他客戶。

　　我依照流程，填寫經費申請單上傳到惠普的採購系統，順便把流程確認了一遍。我總共需要二十個簽名才能開始做這個案子，包括我的上司，我上司的上司，還有十幾個我從沒聽過的名字，後來才知道他們都在公司

位於墨西哥瓜達拉哈拉的採購部門。

　　我不想因此錯過好不容易才找到的顧問。我的上司簽了名，她的上司簽了名，上司的上司也簽了名。接著我開始打電話給採購部門，起初每天打，後來每小時打，電話多半沒人接。好不容易，總算有一個叫安娜的同事接起電話，我用盡各種方法請她幫忙。批准花了六個星期才通過。後來，因為我打電話給安娜的次數實在太多了，她在找下一份工作時，還請我在 LinkedIn 上替她寫推薦信。

　　試想要是公司每個月有幾百件，甚至幾千件，像珍妮佛遇到的這種關卡，對組織效率會有多大影響。程序給予管理階層上對下的控制感，卻拖累每件事的效率。珍妮佛的故事還有後續，聽起來值得慶幸多了：

　　2009 年，我進入 Netflix 任職行銷經理。三個月後，我籌畫了三百萬封宣傳郵件的行銷企劃，預計利用傳統信件寄出附有最熱門電影劇照的小冊。這個企劃要動用到近百萬美元的經費。我印出企劃書，去問我的主管：「史提夫，我要怎麼申請這一百萬美元經費？」我已經準備好聽到最壞答案。沒想到他說：「你名字簽好，傳真回去給窗口就行了。」我沒騙你，我差點暈倒在地上。

　　從奈吉和珍妮佛的例子可以看出，像「以公司最大利益為考量」這樣簡單的指導原則，既能給予員工選擇自由，也能賦

予高效率的行動力。但好處不只有自由和效率。第三個更教人
驚喜的好處是，刪除費用規定之後，有些員工實際花的錢還更
少。克勞迪歐是好萊塢分部消費者研究部門的主管，他的例子
正能說明原因：

> 我的工作需要招待客戶。我的前東家維亞康姆（Viacom）
> 集團有明確規定我們可以帶客戶去哪樣的餐廳、哪部分
> 費用該由誰出，以及多少酒精飲品公司願意買單。我滿
> 喜歡這樣。照規定行事讓我有安全感。規定說明，與客
> 戶用餐時，只有第一瓶酒可以報公帳。所以我會在飯局
> 最初就聲明：「晚餐和第一瓶酒的錢由維亞康姆買單，
> 之後我們各付各的酒水錢。」因為知道規矩，我們有時
> 候會把錢花到極致，專點龍蝦和特別貴的紅酒。反正規
> 定一開始就很清楚，我們可以善加運用。
>
> 　　來到 Netflix 後幾星期，我第一次安排與客戶的飯局。
> 我問我的主管譚雅：「跟客戶吃飯有什麼費用規定？」
> 她的回答令人生氣：「沒有規定，善用你的判斷力，以
> Netlfix 的最大利益為考量。」我覺得她是故意考驗我的
> 判斷力。
>
> 　　那一頓飯局，我決心要讓譚雅看到我有多節儉。我
> 點了菜單上比較便宜的餐點，同時決定只喝一杯啤酒（比
> 紅酒便宜）。飯局尾聲，客戶打算再去續攤，我託辭有
> 事，付清帳單，就和他們晚安道別了。我才不想替他們
> 的狂歡派對買單。
>
> 　　在 Netflix 工作至今，我漸漸明白譚雅不是刻意要考

驗我。她根本不會仔細看我的報帳收據。但因為沒有規定，你永遠不知道你的判斷會不會受到質疑。我覺得堅持像第一次飯局那樣謹慎點餐最安全。龍蝦和昂貴的紅酒就不必了。

克勞迪歐的故事突顯了規定對人的奇妙影響。當你定下規定，有些人總會迫不及待開始鑽漏洞。假設維亞康姆集團告訴員工：「兩人飯局只能點一道前菜、一道主菜，開一瓶酒。」他們可能會點魚子醬、龍蝦和一瓶香檳，不違反規定，但是昂貴無比。如果你只要求員工考量公司最大利益，他們反而會點凱薩沙拉、雞胸肉和兩杯啤酒。設下重重規定的組織，不一定比較省錢。

我們的經驗 3

當你擁有高績效團隊，你就能指望員工勇於任事。當你培養出誠實文化，員工自然會互相監督，確保隊友的行為符合公司利益。接著就可以開始放鬆控制，賦予員工更多自由。廢除休假、差旅和報帳規定是很好的起點。這幾個基本要素讓員工更能掌控自己的生活，而且你也能清楚傳達對員工的信任，相信員工會做正確的事。你所給予的信任，也會將負責任的精神傳達給員工，漸漸地公司裡每個人的當責意識也會愈來愈高。

‖ 重點回顧

- 廢除差旅和報帳規定時，鼓勵主管與部屬事先溝通花錢的原則，事後不忘查看員工的花費。如果有人不當花費，繼續溝通給予更充分的資訊。

- 少了費用控管程序，應請財務部門每年抽查部分收據。

- 發現有人濫用制度，即使他們在其他方面能力亮眼，也應立刻解雇，並公開討論濫用情形。這是必要之舉，如此其他人才會明白不負責任的行為會導致什麼嚴重後果。

- 刪除規定後，某些費用可能會增加。但超支的代價比不上自由帶來的好處。

- 少了提交單據、請款的時間和行政成本，也減少資源浪費。

- 面對新的自由，很多員工反而會比有規定時更少花錢。向人傳達你對他們的信任，他們也會向你展現自己值得信任。

邁向 F&R 文化

Freedom + Responsibility

我們成功廢除休假規定的那個夏天，我答應陪派蒂十一歲的兒子崔斯坦去參加慢跑比賽。我們沿著聖克魯斯海岸慢跑訓練，我發覺自己不時想起十年前我在 Pure Software 的經驗。

我在 Pure Software 的頭兩年，我們只有一小群人，沒什麼規定。但到了 1996 年，公司透過併購成長至七百名員工。隨著員工增加，不免有些人做事不負責任，導致公司虧錢。我們的反應和多數公司一樣：制定規範來約束員工行為。我們每併購一家公司，派蒂就會拿出我們的員工手冊和對方的員工手冊，融合兩邊的規定。

這麼多規定也代表上班不再有樂趣——我們最不拘小節、也是最有創意的那一群員工紛紛求去，投向更有創業精神的環境。選擇留下的人多半偏好熟悉和安定，他們學會把遵守規定奉為最高價值。我在陪崔斯坦那幾次慢跑途中才驚覺，我們當時不知不覺把 Pure Software 打造成了防呆（dummy-proofed）的工作環境。結果就是只有呆瓜想留在那裡工作（好吧，不盡然是呆瓜，但你們應該懂我意思）。

那年夏天，我意識到 Netflix 也走到了重要關頭，如果我們不主動預防，很可能會重蹈 Pure Software 的覆轍。公司逐漸擴張，我們的主管愈來愈難掌握每個人的動向。

通常這時會制定更多規定和管理流程，以應付擴張後愈漸複雜的架構。但廢除休假和費用規定的實驗成功之後，我開始想，我們有沒有可能反其道而行？有沒有其他可以廢除的規定？比起在公司擴張時提高對員工的管控，我們能不能給員工更多自由？

我們決定，與其制定更多規定和流程，我們要繼續推行另外兩件事：

1. 尋找新的方法來提升人才密度。為了吸引並留住頂尖人才，我們必須確定公司提供的薪資福利極具吸引力。

2. 尋找新的方法來鼓勵誠實。想要放鬆控制，就要確保員工在沒有管理階層的監督下，充分擁有做出正確決策所需要的資訊。這代表要提高組織透明度，減少公司內部的祕密。我們希望員工自主判斷、適當決策，他們對企業運作模式的了解程度就必須和高層一樣多。

以上兩點就是後面兩章的主題。

對了，順便一提：崔斯坦在比賽中把我遠遠甩在後面。

加速推展
自由與責任的文化

第二部將往更深一層討論實踐自由與責任文化的步驟。關於人才密度的一章，我們會討論如何以薪酬吸引及留住高績效人才。關於誠實的一章，我們會從第二章探討過的誠實給予回饋意見開始，進一步討論到組織透明化。

第四步，強化人才密度......

4

拿出業界最高薪資

2015 年的某個星期五下午，原創內容經理馬特·圖內爾（Matt Thunell）翻著剛出爐的劇本，興奮得心臟怦怦跳。他們在好萊塢一家熱鬧餐廳的一角，馬特讀劇本的同時，經紀人安德魯·王（Andrew Wang）安靜地吃著午餐。從挑選劇本到製作試映集（pilot），馬特是業界公認最有天分與創意的人物。他的一大強項，就是能跟對的經紀人變成朋友。安德魯還沒把《怪奇物語》的劇本給任何人看過，但因為他們交情好，所以讓馬特在午餐桌上搶先讀劇本。

馬特衝回公司，把文件呈給布萊恩·萊特（我們在第二章見過的前尼可兒童頻道副總裁）。電視界都知道布萊恩有一種神奇的能力，他總是知道觀眾想看什麼。「那份劇本太美了。」布萊恩激動地說。「角色刻劃得好，節奏又進行地很快。」其他人會怎麼反駁可想而知：「主角的年紀不上不下，對孩子來

說太大，對成人又太年輕，多數觀眾不會想看。」或是「背景發生在八〇年代，只會吸引到小眾觀眾。」但布萊恩的見解不同：「人人都會看這部影集。《怪奇物語》會叫好叫座，Netflix 一定要製作這部影集。」

於是在 2015 年春季，公司買下劇本，拍攝時限步步進逼。但 Netflix 當時沒有自己的製片廠。《紙牌屋》和《勁爆女子監獄》等強檔影集，都是其他製片公司拍攝製作，再獨家授權給 Netflix 播出。Netflix 還不曾自己製作內容，現在的 Netflix 正邁向新的階段。「泰德表明，未來我們要自己製作原創節目。」

在那個階段，Netflix 的製作團隊只有寥寥幾人，但製片廠運作需要的幾十個人。馬特回憶說：

> 我們能成功推出《怪奇物語》，是因為團隊裡的每個人都無比能幹。羅伯是超級聰明的談判專家。當其中一位演員不想簽為期多年的合約，他完全知道如何說服對方。羅倫斯負責財務，應該只負責管錢，但他不只把財務工作管理好，其他醒著的時間還身兼執行製片，處理租空間給編劇工作等等雜事。羅倫斯和羅伯搞定了大約二十人份的工作。

《怪奇物語》第一季只用了一年多就拍攝完畢，於 2016 年 7 月 15 日播出。幾個月後，就獲得金球獎提名劇情類最佳電視影集。

Netflix 的成功，有許多建立在這類看似不可能的故事：

由能力出眾的少數人組成的小團隊，也就是里德口中的**夢幻團隊**，搞定複雜棘手的大難題。馬特也說：

> 多數地方會有一些優秀員工和一些平庸的員工，這樣的組織會管理平庸的員工，然後仰賴少數明星員工貢獻所有能力。Netflix 不一樣。我們活在一個只容許卓越的花園裡，每一個人工作能力都很強。每次開會，會議室裡互相激盪的腦力都可以為辦公室發電了。大家互相挑戰、辯論，每個人簡直都比霍金（Stephen Hawking）還聰明。這是為什麼我們能用不可思議的效率做出這麼多成績。這都要歸功於誇張高的人才密度。

Netflix 的高人才密度是推動成功的引擎，里德在 2001 年大裁員後發現這個簡單卻關鍵的策略。接下來比較複雜的部分，是找出能夠吸引並留住頂尖人才的具體步驟。

薪資比照搖滾巨星

Netflix 創立後的幾年成長得很快，我們需要雇用更多軟體工程師。我才領悟高人才密度是成功的動力，所以我們鎖定尋找業界的高績效人才。在矽谷，這樣的人才大多在 Google、Apple 和 Facebook 工作，而且薪水很高。我們沒有本錢大量挖角他們。

　　不過，我自己是工程師，所以很熟悉自 1968 年以來盛行於軟體業界的一個觀念——「搖滾巨星法則」（rock-star principle）。搖滾巨星法則源於在加州聖莫尼卡地下室進行的著名實驗。清晨六點半，九名實習程式設計師被帶進房間，裡面有數十部電腦。每個人會拿到一個黃色信封，內容說明他們要在接下來兩小時，盡最大能力完成一連串程式編碼和除錯任務。此後，網路上針對實驗結果的討論多達上百萬字。

　　研究人員預期九名程式設計師中最厲害者，表現應該會優於其他人平均的兩到三倍。沒想到，這九個人的程式設計能力至少都達一定水準，但最優秀者的表現卻遠遠優於最差的人。成績最好的人，編碼速度快了二十倍，除錯速度快了二十五倍，程式執行速度也比成績最差者快了十倍。

　　其中一名程式設計師表現竟然會大幅贏過另外一人，這個結果在軟體業界掀起討論，經理人絞盡腦汁想理解，某些程式設計師的價值真的比能力一般的同僚高出這麼多。

　　我有需要完成的任務、只能負擔有限的薪資，於是我有兩個選擇。我可以雇用十到二十五名普通工程師，也可以只聘請一位「搖滾巨星」，然後給他比其他人高出很多的薪水。

　　從那個時候起，我漸漸發覺，最優秀的程式設計師帶來的價值不只十倍，而是百倍。我曾在微軟董事會和比爾‧蓋茲共事，據說他又更進一步。時常有人引用他的話：「好的車床操作員的薪水是普通車床操作員的數倍，但好的軟體工程師的身價是普通軟體工程師的一萬倍！」這是軟體業界眾所周知的規則（雖然仍備受爭議）。

　　我開始思考除了軟體業界，這個模式還能應用在哪裡。搖

滾巨星的價值高於其他同業,這個規則並不只限於程式設計。好的軟體工程師別具創意,能看出別人看不出的概念架構,而且能靈活調整觀點,當某個特定想法卡住,他們知道如何換方法嘗試,或是督促自己看得更長遠。這些也是任何創意工作都需要的能力。

我和派蒂開始觀察搖滾巨星法則可以用在 Netflix 哪些地方。我們把職務分成操作型和創意型。

如果你需要操作型工作者,例如窗戶清潔工、冰淇淋攤車店員或司機,好的員工績效可能是平均績效的兩倍。很會挖冰淇淋的人,相同時間能裝的甜筒數量可能是平均的兩到三倍;好的司機出車禍次數可能只有平均的一半。但冰淇淋店員或司機的績效再高,還是有上限。因此對於操作型職位,你可以付市場平均的薪資,公司一樣能運作良好。

但在 Netflix,操作型的職務不多。我們的職位大多需要員工創新和創意執行的能力。不論哪一種創意型職務,最優秀者的表現很容易就會超越平均十倍以上。最優秀的公關專家想出來的宣傳方案,吸引到的顧客可以是一般宣傳手法的百萬倍。回到《怪奇物語》的例子,馬特‧薩諾與安德魯‧王等多位重要經紀人建立的交情,讓他比沒有這些人脈的創意總監成功數百倍。當其他製片公司認為青少年主角不會受歡迎,只有布萊恩‧萊特看出《怪奇物語》會成功,這個能力讓他比其他對劇本沒有第六感的內容副總珍貴上千倍。這些都是創意型職務,也都符合搖滾巨星法則。

2003 年,我們的資金不多,要做的事卻很多。我們必須審慎思考如何把有限的錢花在刀口上。我們決定,只要是操作

型職務，工作績效有明確的上限，我們就給予市場中位數的薪資。但只要是創意型職務，與其拿同一筆錢雇用十幾名能力一般的員工，我們會聘用一位優秀人才，然後付給她市場上最高的薪水。如此一來，人員會變得精簡。我們會依賴一個極優秀的人做好幾人的工作，但我們也會給予極優渥的酬勞。

從此以後，Netflix 聘用人才大多按照這個模式。這個方法非常成功。我們創新的速度和產能大幅上升。

我也發現人力精簡附帶的其他好處。管理員工很辛苦，需要投入很多心力。管理表現平庸的員工尤其辛苦，而且更花時間。維持小組織、團隊精簡，每個主管需要管理的人較少，反而能管理得更好。假如這些精簡的團隊，又都是由績效出眾的員工組成，那麼不只主管表現更好、員工表現更好，整個團隊也會運作得更好──而且更有效率。

給多少錢很重要，怎麼給也很重要

里德的策略聽起來很好。但如果你經營一家還沒有人聽過的新創公司，就算你願意給高薪，可能還是會擔心挖不到頂尖人才。

研究顯示人才願意為你工作。2018 年 OfficeTeam 的調查訪問了 2800 名工作者，哪些原因能刺激他們辭去目前的工作。其中 44％的受訪者表示他們會為了更好的薪水離開現職，比其他理由都高。

如果你的公司還不知名，而且希望套用里德「付最頂尖者

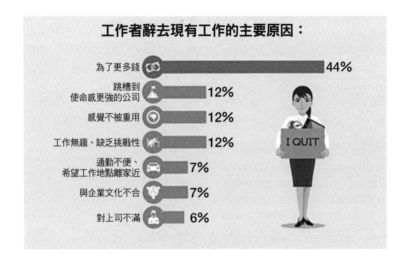

業界最高薪資」的理論，八成可以找到你需要的人。

　　但重點不只在於願意付多少薪水，付薪水的方式也很重要。在大多數公司，高薪白領上班族都是領固定薪水外加獎金，獎金要視員工是否達成預定的目標，高階人才的薪酬有大部分取決於業績。

　　這種做法其實沒有聽起來那麼好。里德和派蒂在想辦法吸引搖滾巨星到 Netflix 工作時，必須與挖角對象的公司做出區隔。他們想到一個方案，沿用至今。

　　想像你投入了所有存款開發一款超現代摩托車，可以讓人用飛的越過通勤車陣去上班。你找到一個能力超強的行銷達人，現在要選擇一種薪酬方式，鼓勵他認真工作、全力表現，往後幾年留下來一起打拼。你有兩個選項：

　　1. 付年薪 25 萬美元。

　　2. 付 20 萬美元，再依績效表現給予最多 25% 的獎金。

如果你和許多經理人想法相同，你會選擇第二個選項。獎金可以激勵新進人員力求表現，何必全部納入薪資當中？

績效獎金看似很有道理。員工的實際酬勞部分受底薪保障，部分（一般是 2% 到 15%，資深主管最高可到六成甚至八成）取決於績效，沒達成目標，就拿不到錢。這不是很符合邏輯嗎？美國普遍採用績效獎金制，國際上也屢見不鮮。

但 Netflix 不用獎金制度。

獎金制對組織彈性不利

2003 年，我聽聞搖滾巨星法則的同一時期，我們也學到了獎金其實對企業不利。我和派蒂正在籌備每週一次的主管會議，議程中將討論針對高階主管團隊的新獎金制度。我們很高興公司成長茁壯，希望提供 Netflix 的高階主管和其他公司相同的福利。

我們花了幾個小時，為每個人想出適當的績效目標，並與獎金連結。派蒂提議用我們簽下的新客戶數來決定行銷長萊絲莉的獎金。萊絲莉進 Netflix 前，先後任職於 Booz Allen Hamilton 控股、亞馬遜和 P&G。她在這些公司的薪酬是採評量取向（metric-oriented），總薪酬取決於完成多少預定目標，從她開始討論績效獎金制，似乎很合適。我們寫下關鍵績效指標（Key Performance Indicators，KPIs），計算萊絲莉若能完成目標，可以額外獲得多少獎金。

　　會議上，我先恭喜萊絲莉最近為公司簽下數千名新客戶。我正要宣布，假如她能繼續下去，將可拿到高額獎金，但她打斷了我。「沒錯，里德，的確很棒。我的團隊表現得可圈可點，但簽約客戶數已經不再是我們的主要評估指標，甚至已經無關緊要了。」她接著拿出數字向我們說明，新客戶數雖然是上一季最重要的目標，但現在的關鍵是我們能留住多少客戶。我一邊聽，忽然覺得如釋重負。謝天謝地，我還沒用錯誤的績效目標決定萊絲莉的獎金。

　　經萊絲莉一說我才發現，這整個獎金制度的前提是要能可靠地預測未來，你在特定時間點定下的目標，也要能保證往後依然重要。但 Netflix 必須因應外界快速的變化快速調整方向，我們應該最不樂見員工年底獲得的獎勵，居然是根據他們完成多少年初定下的目標。這麼做的危險在於員工會把目光放在既定的目標，而不是觀察當下怎麼做對公司最好。

　　我們好萊塢分部的員工很多來自華納媒體集團或 NBC 美國國家廣播公司，高階主管的薪酬有很大一部分是依據財務績效。假設該年的目標是要提升 5% 的營運獲利，獎金通常逐季發放，想拿到獎金的最好方式就是專注於提升獲利。但萬一公司為了在未來五年保有競爭力，某個部門業務必須轉型呢？業務轉型包含投資和風險，可能會拉低該年度的獲利，股價也可能會下跌，哪個主管願意做這件事？也因此像華納或 NBC 這樣的公司，很可能無法與時俱進做出劇烈改變，但 Netflix 卻經常在做。

　　除此之外，我不相信拿著鈔票在高績效工作者眼前晃，他們就會更努力。高績效工作者本來就渴望做出成果，也願意投

入所有資源去做，不論有沒有獎金這個誘因。我很喜歡德意志
銀行前執行長克萊恩（John Cryan）說過的一段話：「我不懂
為什麼要給我一份外加獎金的合約，我發誓，不管哪一年哪一
天，我都不會因為誰付我比較多或比較少錢，我就比較努力或
不努力。」所有值得高薪的高階主管都會這麼說。

研究證實了里德的直覺。績效獎金對固定的例
行工作有用，卻會減損創意工作的表現。杜克
大學教授艾瑞利（Dan Ariely）在 2008 年的論文
中敘述他的發現：

我們請八十七位受試者，進行一系列需要用到注意力、
記憶力、專注力和創意的任務。例如把金屬拼圖拼進塑
膠框，或是對特定目標投擲網球。我們承諾受試者，表
現優異者將可拿到獎金，不過其中三分之一的人聽說的
是小額獎金，另外三分之一是中額獎金，最後三分之一
依其表現可拿到高額獎金。

我們在印度進行首次實驗，因為當地生活物價低，
我們能提供受試者夠高的獎金，又不會超支預算。最小
額的獎金是五十美分，相當於受試者一天基本工資。最
高額獎金是五十美元，等於五個月的工資。

結果不出所料。中額獎金組比起小額獎金組，成績
沒比較好也沒比較差。不過最有趣的是，高額獎金組在
每項任務的表現都比另外兩組差。

後來我們在麻省理工學院的實驗也重現了相同結果，

受試大學生只要執行一項需要用到認知能力的任務（算
數）與另一項只用到機械化能力的任務（用最快速度點
擊按鍵），即有機會贏得高額（六百美元）或比較小額
（六十美元）的獎金。我們發現，該項任務如果只用到
機械化能力，獎金確實能發揮預期中的作用：獎金愈高，
表現愈好。但若任務內容要用到即使是最基本的認知能
力，結果就和印度那次實驗相同：獎金愈高，表現反而
愈差。

這項發現十分合理。從事創意工作，頭腦需要保有一定程
度的自由。假如有一部分的你聚焦於表現夠不夠好、能否拿到
獎金，你的頭腦就很難進入充滿靈感與創新的開放認知空間。
於是你反而表現更差。

我發現在 Netflix 也確實如此。在薪水夠優渥，
足以減輕部分家庭生活壓力時，人最能發揮創
意。但若不確定能不能拿到額外獎金，我們的
創造力反而會下降。對創新有益的是優渥的薪
水，而非績效獎金。

我們決定不再另付獎金後，意外的吸引到更多頂尖人才。
不少人想像不設獎金制度會讓我們失去競爭力。我們發現正好
相反，我們吸引菁英的優勢反而增加了，因為我們把那些錢都
加進薪水裡。

試想你正在找工作，眼前有兩個職缺。一家公司提出年薪
20 萬美元，外加 15% 的獎金，另一家公司承諾年薪 23 萬美元。

你會選誰？一鳥在手勝過二鳥在林，你當然會選年薪 23 萬美元。一開始就能清楚看到自己的薪酬，沒有模糊地帶。

　　廢除績效獎金，你可以開出更高的底薪，留住能力強的員工。這些方法都能提高人才密度。但最有用的莫過於付員工高薪，並逐年加薪以確保他們的薪水始終位居市場之冠。

付比所有人都高的薪水

　　我們決定付出可以找到並留住頂尖人才必要的薪水之後不久，工程部門主管小韓跑來找我，說他找到一位絕佳人選。這個人選名叫戴文，擁有很特殊的能力，可以成為團隊很重要的資產。但他要求的薪水是團隊其他工程師的近兩倍，甚至比小韓自己賺的還多。「我知道他對 Netflix 能有重大貢獻，但付這麼高的薪水合理嗎？」小韓納悶。

　　於是我問小韓三個問題：

1. 小韓現在團隊裡有工程師的能力足以接替戴文在 Apple 的工作嗎？……沒有。

2. 小韓團隊裡的三個工程師加起來，能不能有和戴文同等的貢獻？……不能。

3. 假如用小韓目前手下幾個工程師交換戴文，對公司有好處嗎？……有。

　　我建議小韓可以放心開價挖角戴文。頂多我們未來少雇用幾個工程師，用那筆錢付戴文要求的薪水。小韓看來若有所思。「戴文的能力目前在業界炙手可熱。既然我們要改變徵才

策略,用高薪聘請戴文,那我希望我們開的薪水夠高,不只能說服他跳槽,也要能保證他不會很快又被別家開出更高薪水的公司挖走。」

我們決定仔細調查市場,了解有多少競爭對手不惜高薪聘用戴文,我們會付他剛好高於市場最高水準的薪資。

戴文所在的團隊後來開發許多基礎功能,造就今日的 Netflix 平台。我希望所有員工都能像戴文一樣有影響力,所以我們決定未來聘用所有新員工,都用相同方法來決定薪水。

開出業界最高薪資

 在大多數公司,談薪水就像買中古車。你想要那份工作,但是你不確定公司最高願意開多少薪酬,你只好憑空猜測自己應該開價多少、對方出價多少應該接受。於是公司就利用你的資訊不足,盡可能以最低薪資雇用你。這的確是用低於實際身價的錢請到員工的好方法,但也只會讓員工待幾個月就跳槽到出更高價的公司。

延續這種邏輯,《談出好薪水:如何一分鐘賺一千美元》(*Negotiating Your Salary: How to Make $1000 a Minute*)一書作者查普曼(Jack Chapman)建議,想和新東家談成理想薪資,最好的方法是:

人資經理:我們掐緊預算,發現能給你年薪 9 萬 5 千美元!我們很期待你的加入,希望你也是!

你：（沉默不語。腦中哼著歌。數一數地毯上的汙點。
用舌頭舔牙套。）

人資經理：（開始緊張了）我們或許能提高到年薪 11
萬美元。這樣已經很緊繃了，希望你會接受。

你：（繼續在腦中哼你的歌。）

　　相較之下，Netflix 是主動想付出能吸引且留住人才的薪
資，徵才時的重點會放在：（1）公司可以評估這名工作者在
其他公司能拿到多少薪水；（2）公司會付給他更高的薪水。

　　以麥克・海斯汀（Mike Hastings，跟里德不是親戚）為
例。你登入 Netflix 網頁，可能很納悶為什麼會被推薦《玉子》
（*Okja*）這部電影。因為 Netflix 平台上每部影集和電影都有
不同的分類標籤，像《玉子》的分類是「對抗強權」、「考驗
腦力」、「視覺效果驚人」和「不落俗套」。你如果收看過其
他「考驗腦力」、「對抗強權」的電影，《玉子》就會被推薦
給你。而開發出這套機制的人，就是麥克。

　　麥克原本在密西根安娜堡市的 Allmovie.com 工作，他收到
Netflix 的面試邀請信，希望他加入開發分類標籤的團隊。他很
期待搬到矽谷生活，「但加州的生活開銷這麼高，我不知道該
要求多少薪水。」他看了幾本薪資談判的書，也找了幾個朋友
商量，朋友全都建議他不要說出具體數字。「你萬一低估自己
的價值，Netflix 會趁機占你便宜，」其中一個朋友說。麥克利
用軟體換算各地區薪資，決定要是面試時被再三詢問，他就要
求目前薪水的兩倍，「在我看來很多。」

　　他反覆演練要怎麼禮貌迴避所有薪資問題，「但面試當

下，我卻把之前的薪水和希望的薪水全都跟面試官說了。結束後我失落地回到密西根，覺得自己真笨。」麥克躺在家中床上，呆望著他最愛的希區考克電影海報，沒想到 Netflix 的人打電話給他。「他們開的薪資，竟然是我要求的兩倍薪資再加30％！我一定倒抽了一口氣，因為我未來的上司還連忙解釋說：『以你的職務和專長，這是目前業界的頂尖薪資。』」

如何維持頂尖薪資水準

新進員工一開始會被業界頂尖薪資激勵，但他的能力很快就會成長，競爭對手也會開始電話不斷，向他提出更高薪水。假如他很稱職，他的市場身價會水漲船高，他跳槽的機率也會升高。想一想其實很弔詭，幾乎地表上每家公司採行的薪資調整制度，反而都很可能會鼓勵員工去找其他工作，進而減低公司的人才密度。

以下是公關總監約奧寫的電子郵件，描述他在前公司的遭遇：

進 Netflix 以前，我在聖保羅一家美商廣告公司工作，我很喜歡那家公司。那是我大學畢業後第一份工作，我毫無保留地付出。有時候還在辦公室影印間打地鋪過夜，免得因為通勤損失工作時間。我很幸運在第一年就簽下四位大客戶，業績比很多年資比我長的前輩更好。我很高興能在自己熱愛的公司打造事業。我知道資深同事薪

水很好——是我的兩倍，甚至三倍，但我相信到了年終薪資考核，我一定能獲得與貢獻程度相當的大幅加薪。

到了年終，我的第一年績效評量獲得壓倒性好評（98／100），公司也說那是有史以來最賺錢的一年。我並不期待薪水能翻倍，但上司答應會好好報答我。我自己猜測應該能加薪10%到15%。

加薪會議那天，我滿心期待，上班途中一路跟著廣播哼歌。你能想像聽到老闆只替我加薪5%，我有多失望，老實說，我差點哭出來。最慘的是經理還用熱烈的語氣「恭喜」我，笑著說這是今年最高的加薪幅度。我在腦中吶喊：「你當我是笨蛋嗎？」

從那之後，我和上司的關係每況愈下。我繼續說服他為我加薪。上司表達不想失去我，所以替我把5%調高到7%。但他說除此之外的期待都「不合理」也「太天真」，沒有公司會給更高的加薪。我開始找下一份工作。

約奧是前公司非常寶貴的資產。他的老闆用足以激勵熱情的薪水雇用到他。但才短短一年，約奧自身的成長，已經讓他對公司更有價值，對競爭對手也更具吸引力。為什麼上司給他的調薪卻很明顯匹配不上他的身價呢？

答案是每到考核時間，多數公司不會調查員工的市場身價，而是用「調薪總額」和「薪資等級」來決定加薪。想像耶誕老人手下有八位精靈，目前每人年薪五萬美元，每年12月26日，耶誕老人和耶誕太太會挪出一大筆錢來替大家加薪，假設是總薪資花費的3%好了（一般美國公司標準是介於2%

到 5%）。所以四十萬美元的 3%，等於一萬兩千美元。

　　耶誕老人夫婦現在必須決定如何分配。甜梅仙子是他們績效最好的精靈，他們想替她加薪 6%——剩下九千美元分配給其他同事。但甜梅仙子堅持，不加薪 15%，她就要離開。這麼一來，總額只剩下四千五百美元能分給另外七位精靈，但他們各自也有家人要養。耶誕老人如果按照甜梅仙子的身價替她加薪，形同懲罰另外七個小幫手。這八成就是約奧碰到的情況。假設他老闆設定 3%的調薪總額，那麼單一員工加薪到 5%已經算很大方了。再調高到 7%，代表團隊的其他人真的沒得加薪了。給約奧他在公開市場上能拿到的 15%額外薪水？不可能的事！

　　薪資等級也會造成相同問題。假設在耶誕老人工作坊，每位精靈的薪資範圍是五萬美元到六萬美元。甜梅仙子的起薪是五萬美元，耶誕老人每年替她加薪 5%到 6%，她前三年的年薪依次提高到五萬三、五萬六，然後是五萬八千八百美元。但到了第四年，雖然甜梅仙子現在更有經驗，表現也比從前更好，但卻只能加薪 2%。因為她的薪資等級已經到頂了！甜梅仙子，該去找新的工作坊囉。

　　研究也證實了約奧和甜梅仙子心中的懷疑。比起留在原公司，換公司才能拿到更多錢。2018 年，美國員工平均年度加薪約為 3%（高績效工作者 5%）。辭職跳槽新公司的員工，薪資平均增加 10%到 20%。留在原職對你的存摺不利。

　　約奧後來的境遇：

　　Netflix 用將近三倍的薪水聘請我，於是我搬到好萊塢。

九個月後的調薪，我並沒有放在心上。我和主管馬諦亞斯每週例行繞著 Netflix 好萊塢分部大樓散步開會。大樓後面有一家餐廳，外牆上彩繪著一顆藍眼睛、紅舌頭的巨大燒賣。走到那裡時，馬諦亞斯對我說，他會替我加薪 23%，讓我的薪水維持在市場頂尖水準。我震驚到得在那顆燒賣旁邊坐下來平復心情。

我陸續立下很多功勞，也覺得薪水很好。一年後，又到了薪資考核時間，我在猜會不會又得到大加薪。馬諦亞斯又讓我嚇了一跳。這次他說：「你的表現傑出，我很高興團隊裡有你。但你的職務這一年市場變化不大，所以今年我不打算替你加薪。」我覺得很公平。馬諦亞斯說，我若不認同，可以拿我的職務當前的市場數據去找他談。

我現在仍會回想前老闆的話，他說我太天真了。了解商業界的運作之後，我明白他說得對。我當時是很天真，不懂商業運作。但換個角度想，這麼多企業採用的加薪制度只會把頂尖員工推出門，不也很天真嗎？

約奧的故事是很真實的證據。但為什麼仍有這麼多公司依循舊有的加薪方式？里德的看法是，多數公司採用的總額度和薪資等級，在員工往往終身雇用且個人市場身價不太可能在幾個月內飆漲的年代，的確是好方法。但上述條件很明顯已不再適用，現代經濟本質上變遷快速，大家換工作也快。

只是 Netflix 付市場頂尖薪資的做法太不平常，因此很多人難以理解。

　　主管要怎麼知道手下每名員工的業界最高薪資水準，而且不斷更新資訊？每一年，你都必須投資數十個小時忍耐尷尬，聯絡你不太認識的人，打探他們本身和員工的薪水。Netflix 法務總監羅素發現，這確實是一件令人挫折的苦差事：

> 2017 年，我團隊裡最有價值的人才是一位名叫拉妮的律師。她在青少年時隨家人從印度來到加州。她母親是史丹佛大學的數學教授，父親是創意印度料理名廚。拉妮彷彿是優秀數學家和優秀廚師的綜合體。她能精確地運用非常細微的概念。她似乎擁有一種超能力，我只能以「游於藝」來形容，這使她成為頂尖律師。
>
> 　　我用高薪聘請拉妮，我覺得比業界最高薪資還慷慨，而她第一年也工作愉快。到了年終加薪時，問題來了。不同於團隊裡其他律師，拉妮的職務獨特，很難調查市場上關於這個職種的資料。團隊裡的其他人，有些因為市場變化明確，那一年獲得大幅加薪，最高可達 25%。
>
> 　　我花了幾十個小時想替拉妮查到資料。我打給十四個不同公司的聯絡人，經過種種調查，但他們都不願意分享薪資數字。所以我又打給獵頭公司。好不容易從徵才專員那裡得到三個數字，高低不一，但最高的一個只比拉妮目前薪水多出 5%。參考這份資料，加薪 5%，拉妮的薪水就是市場頂尖。所以我也就照此加薪。
>
> 　　我的天，那天可尷尬了！我告訴拉妮加薪金額，她咬著牙，眼神也不看我。我向她解釋這個數字是怎麼來的，她的目光飄向窗外，彷彿已經在盤算要跳槽到哪一

家公司。我說完停下來，她靜靜坐了很久終於開口，聲音微微顫抖著說：「我很失望。」我建議她，如果覺得這次加薪未能反映她的市場身價，可以找資料給我。她沒有。

　　下次考核，我懇求人資部門協助。人資部門挖到的數字，比我前一年自己調查出的數字高了將近三成。拉妮這次也主動聯絡認識的人，給了我四個在其他公司做相似工作者的名字及薪資，讓我和人資部門提供的數字做比較。我前一年虧待了她，因為我手上的資料沒能正確反映實際薪資範圍。

　　為自己或員工比較薪資，不只耗時費力，往往還得動用人脈，問那個令人尷尬的問題：「你一年賺多少錢？」

　　但這還不是唯一考量。這整個制度肯定所費不貲，又該怎麼辦？馬諦亞斯替約奧加薪23％，儘管他沒有主動要求，甚至想都沒想過。羅素第二年替拉妮加薪30％。多少公司有此財力替員工巨幅加薪？獲利豈不是要比天高才辦得到？不然光是年年加薪，就會讓公司破產了。

以上兩個問題，答案都是「很難沒錯」。但整體而言，投資會換來回報。

　　在高績效的職場環境，付業界最高薪資是長期來看最划算的方法。最好是薪水比必要的再高一點、不等員工開口就加薪、在員工開始騎驢找馬之前就先拉高薪水，如此才能年復一年吸引並留住市場頂尖人才。比

起一開始就付業界最高薪水，失去人才後又要重新徵人，付出的代價反而更高。

有些員工會發現自己的薪水短時間內大幅攀升。如果某一名員工因為能力升值或該領域人才短缺，市場價值升高，我們會跟著調高薪水。其他員工的薪水則有可能年年持平，儘管他們工作表現依然優秀。

我們盡可能避免因為市場薪資下跌就對員工減薪（除非某人被調派到另一地點，我們有可能考慮減薪），否則絕對會降低人才密度。如果因為某些理由，我們負擔不起總薪資支出，那就必須放棄部分員工，提高人才密度，藉此降低公司支出，而不用減少單一員工的薪水。

調查業界最高薪資很花時間，但若你的頂尖人才為了更高薪而跳槽別的公司，你要重新尋找並訓練替代的人才，那會更花時間。雖然困難，但羅素有責任（在人資部門協助下）了解其他公司願意付多少錢請拉妮。拉妮自己也需要分擔這個責任。不應該有人比（首先是）你和（再來是）你的上司更了解你的市場行情。

不過，的確有一個人，可能隨時都比你或直屬主管更清楚你的市場價值。這個人值得你和他聊一聊。

接到獵才電話，問對方出多少錢

我們回頭看看甜梅仙子。誰是世界上最清楚甜梅仙子行情的人，比她自己、耶誕太太，甚至

耶誕老人本人都了解？那就是精靈工坊一直以來的徵才專員。按照定義，徵才專員開出的薪資一定就是當下的市場行情。你如果真的想知道自己的身價，不妨和徵才專員聊聊。

　　徵才公司經常打給 Netflix 的員工（說不定也會打給你的優秀員工），遊說他們接受其他工作面試。八九不離十，對方公司肯定有錢，也願意出錢。而你希望員工接到這些電話時作何反應？抓著手機躲進廁所，開水龍頭掩飾，對著話筒小聲說話？如果你沒有給予員工清楚的指示，他們很可能就會這麼做── Netflix 的員工也一樣，直到 2003 年，公司開始討論付業界最高薪資。

那之後不久，產品長尼爾・亨特向我和派蒂反應，他最寶貴的一名工程師喬治收到 Google 的高薪挖角。我們當下都反對出更多錢挽留他，而且還覺得喬治背著我們去面試其他工作很不忠誠。那天下午，開車回聖克魯斯的路上，派蒂嘆了口氣：「沒有哪個員工是不可取代的。」但當天晚上，我和派蒂都想到，如果喬治走了，公司會有多少損失。

　　隔天早上，派蒂跳上我的車，一邊說：「里德，我頭痛了整晚。我們真笨！喬治不是隨便可以取代的。他走了一定有損失。」她說得對。全世界只有四個人具備相同的演算法知識，其中就有三個人在 Netflix 工作。我們如果放喬治走，其他公司很可能也會想挖角剩下兩個人。

　　我們召集高階主管團隊，包括尼爾、泰德和萊絲莉，討論該怎麼處理喬治這個例子，以及未來如何應對所有來挖角我們

人才的公司。

泰德看法堅定，因為他在前公司有過類似經驗。以下是他的故事：

我住鳳凰城，為一家總部在休士頓的家庭影碟經銷商工作。公司提拔我到丹佛擔任分店經理，當時是很好的升遷，我答應了。公司替我加薪不少，也同意付六個月的丹佛住宿費，讓我在這段時間賣掉鳳凰城的房子。

但我在丹佛待了六個月，房子還沒賣掉。我的財務陷入困難。我和太太在丹佛只能租一間破公寓，同時還要支付在鳳凰城房子的費用，自己卻不能回去住。這時候，派拉蒙影業的人打來。我正在頭痛房子的問題，所以決定接起電話。對方開出的薪水多很多，我還可以搬回鳳凰城。我對當時的工作沒有別的不滿，但這個邀請能解決我所有問題。

我去找老闆，表明我要離職。他說：「你怎麼不告訴我們房子賣不出去？我們很重視你。只要能留住你，我們可以更改契約！」公司把我的薪水提高到與派拉蒙開出的相同薪水，還買下我鳳凰城的房子。我心想：「過去六年，徵才電話打來我都沒接，現在我才知道我的市場身價一直在攀升。這些年來，我薪水都少領了，只因為我以為與人討論薪水是對公司的一種不忠。」

我對當時的老闆很生氣，很想問他：「既然你知道我的價值，為什麼不一開始就給我相應的待遇？」後來年歲漸長，我才明白，他為什麼要呢？了解自己的身價

並主動開口爭取，應該是我自己的責任！

說完這段故事之後，泰德說：「喬治並沒有錯，他去競爭對手那裡面試，了解自己的身價——現在我們也知道了，如果還不給他業界最高薪資，那就是我們太笨了。假如尼爾團隊裡還有其他人，Google 也願意給相同工作，我們就應該把他們的薪水全部加到相同層級。那就是他們現在的市場行情。」

萊絲莉也告訴我們，她早已在做泰德建議的事：

> 每次雇用新人，我都會請他們去看《從年薪十萬到年薪百萬的成年儀式》（*Rites of Passage at $100,000 to $1 Million+*），這本書在八〇到九〇年代是獵頭公司的寶典。書中告訴你如何了解自己的市場行情，以及如何向招募人員問出市場資料。
>
> 　我對我的團隊成員說：「摸清你的市場行情，讀熟這本書，別怕接觸別家公司的招募人員——我還列出一長串專攻他們職種的招募人員名字給他們。我希望所有員工都是主動選擇留下來的。我不希望他們是因為缺乏選項才留下。如果你的能力好到能在 Netflix 工作，你在市場上一定還有其他選擇。只要你覺得自己有選擇，你就能做出好的決定。在 Netflix 工作應該成為你的選擇，而不是困住你。

聽過泰德和萊絲莉的話，我被說服了。他們的意見和我們正在推行的「付業界最高薪資」策略方向一致。我們決定不只

幫喬治加薪，尼爾也要判斷團隊裡還有哪些成員可能被 Google 挖角，然後把他們的薪水也一併提高。這才是付業界最高薪資的重點。接著我們告訴全體員工，接到別家公司人資的電話都應該接起來，然後把聽到的資訊告訴我們。派蒂還開發出資料庫，大家都能把電話中或面試聽到的薪水數據輸入進去。

我們也告訴所有主管，別等團隊成員拿著競爭對手的邀請來找他們，才想到要替部下加薪。如果不想失去某名同事，也知道她的市場身價正在上升，我們應該配合行情主動加薪。

全球任何一家公司大概都一樣，員工如果去面試另一份工作，老闆通常會生氣、失望或疏遠。你對主管來說愈寶貴，他愈容易生氣，因為當優秀的新進員工決定去看看別家公司的工作，你就有可能失去全部的投資。如果她在面試中發現，新職缺比現在的工作內容有趣多了，你鐵定會失去她──至少會失去她的工作熱情。所以多數公司的主管都會讓員工覺得，與其他公司的人接洽，就是一種背叛。

Netflix 卻不這麼想。內容副總裁賴瑞・泰茲（Larry Tanz）分享自己的經驗。2017 年，Netflix 剛達成一億會員里程碑。賴瑞那天正要去好萊塢神殿大會堂（Hollywood Shrine Auditorium）接受喜劇轟炸，知名演員亞當・山德勒（Adam Sandler）也會上台表演。他拎起外套走向門口，手機忽然響了。「是 Facebook 邀請我去面試。我連多回答幾句話都會有罪惡感，所以只含糊說了我沒興趣。」

一個月後，賴瑞的上司泰德・薩蘭多斯對團隊做每月簡報

時說道:「市場正在升溫,你們應該會常常接到挖角電話。Amazon、Apple 和 Facebook 都有可能打給你們。如果你不確定自己的薪水是不是市場頂尖,不妨把電話接起來,問問對方開的薪水。假如你發現對方付的比我們多,務必告訴我們。」賴瑞很意外:「Netflix 八成是唯一會鼓勵員工和競爭對手聯絡、甚至去接受面試的公司。」

又過了幾星期,賴瑞去里約出差途中第二次接到 Facebook 的電話。「我們去與巴西當紅歌手安妮塔(Anitta)會面,到她家討論即將在 Netflix 上架的紀錄片《安妮塔:國際之星》(*Vai Anitta*)。對巴西兩億人口而言,安妮塔的地位有如瑪丹娜加上碧昂絲,所以手機響的時候,我沒有接。」但賴瑞事後聽到 Facebook 的留言,決定主動回電。「他們請我去一趟,但不肯透露薪水多少,我說我沒打算換工作,不過願意去和他們聊一聊。」

賴瑞告訴上司他要去面試。「光這樣說感覺就很奇怪了。去競爭對手公司面試在多數公司會被視為不忠。」賴瑞真的拿到 Facebook 的錄取通知,薪水比他當時還高,泰德也立刻把他的薪水提高到當前市場水準。

如今,賴瑞自己也鼓勵部下多接徵才電話:「但我也不會等他們來找我。我只要發現同事到其他地方能領更多,我會立刻替他加薪。」想留住頂尖員工,在他們**被別人錄用之前先替他們加薪**,永遠勝過事後彌補。

當然了,這個方法對賴瑞是好的,他的薪水提高了,對泰德也是好的,他留住了賴瑞這個人才。但泰德的建議聽起來很冒險。有多少人接了電話,愛上新面試的工作,最後離開了他

的團隊？泰德這樣解釋他的理由：

> 市場升溫，獵才電話變多時，員工一定會好奇。不管我說什麼，總有些人會接電話、會去面試。我如果不允許，他們只會偷偷地來，最後我連挽留的機會都沒有。我宣布這件事的一個月前，我們就損失了一位優秀的主管，很難找到能替補她的新人。她來找我時，已經接受了另一份工作。我什麼也不能做。她說很喜歡在 Netflix 工作，但對方開的薪水高了四成。我聽了心一沉。我要是知道她的市場行情變了，那個價碼我也出得起！所以我希望員工知道，只要公開透明，並且與我們分享聽到的資訊，他們可以盡情和其他公司談。

現在，泰德會聽到新進員工問他：「泰德，你確定我們可以接那些電話嗎？這樣不是對公司不忠嗎？」他的回答從喬治差點被 Google 挖角那件事到現在，都不曾改變：「偷偷往來、隱瞞你和誰聯絡，這才叫不忠。但公開去面試，把薪資數據告訴 Netflix，我們所有人都能受惠。」

Netflix 現在對挖角電話只有一個原則：婉拒之前，先問「開價多少？」

我們的經驗 4

....

為了強化公司的人才密度，所有創意型職缺只請一位能力出眾的員工，取代十幾個能力平庸的員工。用業界最高薪資來聘用這位優秀人才。而且至少每年調薪一次，保持優秀員工的薪水始終高於競爭對手的開價。假如你負擔不起給頂尖員工市場上的最高薪資，就必須捨棄幾個相對較不出色的員工，以留下最頂尖的員工。如此，人才密度也會更高。

‖　重點回顧

- 多數公司的薪酬制度不利於鼓勵員工創意和維持人才密度。

- 區分創意型和操作型職務。付給創意型職務業界最高薪資。這代表可能要聘用一個特別優秀的人，取代十幾個平庸的人。

- 不發績效獎金，不如把這筆錢加進薪水。

- 教員工培養自己的人脈，投資時間了解自己與所屬團隊的市場行情，並且定期更新資訊。可能是接獵頭公司的電話，或是去其他公司面試。配合市場行情調薪。

邁向 F&R 文化

Freedom + Responsibility

現在人才密度上升了，差不多也準備好可以再提升員工的自由。但首先，我們要把誠實風氣再向上提高一層。

在多數公司，即使是很有能力的員工也不會有很大的決策自由，因為他們不清楚公司的祕密，高階主管才能在掌握這些充分資訊下做決策。

但當你的公司充滿勇於當責的珍貴人才，懂得自我要求、自我管理，而且自律，你就可以開始大量與他們分享多數公司隱而不宣的機密資訊了。

這就是第五章的主題。

第五步，增進誠實敢言......

5

把一切攤在陽光下

1989 年，我二十九歲，在離開和平工作團之後、創立 Pure Software 之前，我在一家經營狀況不太好的新創公司 Coherent Thought 擔任軟體工程師。某個星期五，我一早走進我在辦公室的小隔間，透過辦公桌前方會議室的透明玻璃牆，看到高階主管關著門，聚在會議室的窗戶旁。令我詫異的是，他們站得直挺挺，動也不動。我上一次旅行時，看到一隻即將被大白鷺吞掉的壁虎，因為恐懼而動彈不得，一條腿僵在半空中。這些主管看起來就像那隻壁虎。他們不斷地交談，身體卻完全沒在動。他們為什麼不坐下來？我也跟著不安起來。

隔天早上，我提早到公司，主管都已經在會議室裡了。他們終於坐下了，但每次有人開門出來倒咖啡，我都能聽見恐懼從會議室飄散出來。公司有麻煩了嗎？他們在說什麼？

我到今天依舊不知道答案。要是當下得知，我說不定也會

嚇得半死。但那個時候，我對於他們不信任我、不願意告訴我公司的情況，感到很反感。我為了公司那麼努力地工作，他們卻守著一個大祕密，不告訴全體員工。

當然了，人都有祕密。多數人相信，保守祕密才能保障安全。我年輕時，也直覺認為要隱瞞任何有風險或令人不自在的資訊。1979 年，我十九歲，到緬因州的鮑登學院（Bowdoin College）上大學，那是一所溫馨的小學校。我運氣很好，大一的室友是一位叫彼得的加州人。剛開學不久，我們在宿舍房間裡摺衣服，他漫不經心地提到他還是處男，語氣彷彿分享這種事再正常不過，跟分享一杯咖啡一樣單純。而我坐在旁邊，明明也是個處男，卻很怕被人發現我的祕密。

因此當他告訴我時，我沒辦法也對他坦白。我覺得太丟臉了，即使他誠實地對待我。後來我才知道，我當下的沉默讓彼得在我們剛認識的那陣子不太敢信任我。當你覺得某個人有事瞞著你，你怎麼敢信任他？相反地，彼得會坦然說出他的心情、害怕和過錯，我真的很驚訝，他怎麼有辦法自在地把所有事都攤開來講。我對他感到信任，我從來沒有這麼快信任過一個人。這段友誼帶給我很多改變，因為我發現放棄祕密、坦率直言，能帶來意想不到的好處。

我不是要鼓吹和同事討論私生活，彼得不是工作上的朋友。但人們在職場上比在學生宿舍更會保守祕密，而這種不坦白的行為，危害也更大。

根據哥倫比亞商學院管理學教授史列賓（Michael Slepian）研究，人平均守著十三個祕密，其中五個從來不曾和人分享。我想一個典型的經理人，祕密應該又更多。

史列賓表示，如果你和一般人一樣，那麼有四成七的機率，你的其中一個祕密涉及違背信任，六成多的機率涉及謊言或財務方面的不當行為，另有大約三成三的機率，祕密會涉及竊盜、未公開的人際關係，或工作上的不滿。這麼多機密藏在心底，不免對心理造成傷害：壓力、焦慮、憂鬱、孤獨、低自尊。祕密也會占用大量腦空間。有項研究指出，人們如果主動隱瞞某些事，反而會花兩倍時間想著那些事。

另一方面，當你與人分享祕密，對方會感受到信心和忠誠。如果我向你透露我犯的大錯，或分享可能妨礙我成功的資訊，你會想：**如果她連這個都肯告訴我，她一定對我無話不說。**你對我的信任會迅速飆升。想要快速建立信任，沒有比把「可能會變成祕密」的事直接攤在陽光下更好的方法了。

繼續討論前，我們需要一個更好的詞來稱呼「可能會變成祕密的事」。「祕密」的問題在於，只要你說出來，它就不再是祕密了。

祕密的材料（Stuff of Secrets，SOS)

我們就用 SOS（這不是 Netflix 創的詞彙）來稱呼你平常可能會選擇保密的資訊，因為這些資訊暴露後有危險，與人分

享可能引來負面評價，有可能惹惱他人、造成傷害，或破壞關係。因此我們會覺得需要隱瞞。

工作上的 SOS 資訊可能是：

- 你考慮進行組織重整，可能會有人因此失業。
- 你開除了某個員工，但說明原因會傷害他的名譽。
- 你握有「祕密配方」，不希望洩漏給競爭對手。
- 你犯了可能會傷害你的名譽，甚至毀掉事業的錯誤。
- 兩名主管彼此有嫌隙，萬一被各自的團隊知道了，會引起更多紛爭。
- 員工如果和親友分享特定財務資訊，會有犯罪的風險。

組織充滿了 SOS。管理者每天都得苦思：「應該告訴底下的人嗎？說了有什麼風險？」但保密也有風險，里德多年前在 Coherent Software 感受到的恐懼和生產力下降，就是一例。

幾乎所有管理者都喜歡透明化的**概念**。但如果是認真想創造高度分享的環境，首先要做的是檢查工作環境中，是不是有任何顯示公司藏有祕密的跡象。我有一次到矽谷另一家公司拜訪他們的執行長。這位 CEO 經常強調組織透明化的重要，也有文章報導他採取哪些大膽步驟，提高職場的開放度。

我到了以後，搭電梯上到總部所在的頂樓，櫃台接待員帶我穿過一條安靜的長廊，執行長辦公室在最裡面。他的門開著（基於他口中的「開放政策」），但門外坐了一位祕書，就像是他的守衛。我相信這個人把辦公室選在安靜的角落，晚上會鎖門、白天有衛兵確保沒人能偷溜進去，一定有他的理由。但

那樣的辦公室形同大聲宣告：「我們把祕密藏在這裡！」

所以我在公司沒有私人辦公室，也沒有抽屜上鎖的隔間。我可能會找一間會議室跟人開會，但我的助理知道，我與人開會通常會到對方的工作空間。我想找某個人討論事情，就會盡量到他的位子去，而不是叫他來找我。有時我甚至偏好散步開會，我常常碰到其他員工也在戶外公開會面。

重點不只是辦公室。任何上鎖的區域都象徵著祕密，表示我們不信任彼此。前幾年，我去新加坡分部出差，看到員工有個人置物櫃，每晚下班前可以把個人物品鎖在裡面。我堅持把鎖拿掉。

但光有這些還不夠。領導者有責任親身示範訊息透明化，盡可能與所有人分享訊息。不論大事小事，好事或壞事，只要你習慣性分享資訊，其他人也會跟著做。Netflix 稱之為「曬訊息」（sunshining），而且我們努力把很多訊息都攤開來曬。

我和里德初次見面，開始為這本書做採訪的時候，我以為會在會議室關門進行，或是在某個安靜角落，他才方便回答敏感問題。結果他帶我到陽台開放空間，我們在桌邊坐下，其他人都聽得見我們說話。里德繪聲繪影地說起故事，他早年做過挨家挨戶賣吸塵器的工作、國中時和人打架、與以前的女朋友搭便車橫越非洲出了嚴重車禍，還聊到婚姻之初遇到的考驗。旁邊不時有人走動經過，但他的音量不曾降低。

幾個月後，我把本書第一章的初稿寄給里德，請他給意見。下個星期，我到 Netflix 阿姆斯特丹分部採訪一位經理，

受訪者竟然引述了一段話，就出自我寄給里德的初稿。我的表情一定流露出困惑，因為他趕緊解釋：「里德把那份稿子寄給所有人。」

「**所有** Netflix 員工？」我問。

「也沒有全部啦，只有七百位高階主管。他讓我們看你們兩個人打算做什麼。」

採訪一結束，我立刻抓起電話想打給里德。腦中預演了一遍我想說的話：「你在想什麼？你不能把未完成的稿子寄給好幾百人！我還沒查核事實。」但當我按下號碼，又想到里德會怎麼回應。「你不希望我把未完成的稿子寄給別人？為什麼呢？」我才發覺，我沒有能說服他的答案。

透明化聽起來很好。你絕對不會聽到哪個領導者說他們提倡組織機密化。但透明化不是沒有風險。里德基於分享直覺，把未完成的書稿寄給七百個人，這七百位經理人當中，可能會有數十個人來找我抱怨內容不盡正確。雖然實際上沒發生，但有可能會發生。

人會保密是有原因的，何時應該透明，何時又該保密，分際往往不是那麼明顯。為了搞清楚里德的判斷基準，我對他進行一項測驗，現在也與你分享。

我描述了四個可能需要保密的情境，然後請里德在兩種反應之間做選擇，說明理由，並舉出在 Netflix 實際發生過類似的兩難困境。你也可以測驗看看。看里德的反應以前，先問問自己會怎麼做、理由為何。然後再看看你是否同意他的想法。

保密 vs. 公開的兩難情境題

....

情境題 1：洩漏資訊會違法

你是一家新創公司的創辦人，底下有百名員工。你向來相信組織透明，也教導員工看損益表，所有財務和策略資訊都讓他們能自由取得。但下星期公司將要公開上市，情況將有所改變。上市後，你如果在向華爾街公告以前，先和員工分享當季損益數字，只要有一個員工告訴親朋好友，公司股價就有可能重挫，洩漏者也可能因內線交易入獄。你會怎麼做？

a. 繼續與所有員工分享當季損益，但是改在對華爾街公告之後。

b. 繼續在未公告以前與員工分享所有數字，但事先強調任何人只要洩漏資訊，就有可能坐牢。

里德的答案：收起保護傘

我的答案是（b）：繼續在對外公告以前向員工分享當季損益數字，同時也警告他們洩漏資訊可能有哪些嚴重後果。

我在 1998 年首次學到開卷式管理。Netflix 當時一歲，我參加亞斯本研究所（Aspen Institute）主辦的領導者成長課程。學員有來自多家公司的高階主管，我們在現場討論許多很刺激思考的題目，其中一個個案是一位名叫傑克·史塔克（Jack Stack）的管理人。

傑克是密蘇里州春田市一位經理人，他成功重振一家原為

萬國收割機公司（International Harvester）所有的改造加工廠。
工廠原本即將倒閉，但他對外募款，以融資併購方式買下工
廠。之後為了激勵員工，他給自己定下兩個目標：

1. 提倡財務透明，讓員工都能看見企業的每個面向。
2. 投資大量時間和心力，訓練所有人看懂每週的營運及財
   務報表。

從高級工程師到最基層的人員，傑克教會他的員工看公司
財報。連沒有高中學歷的人，他都教導如何從裡到外看懂損益
表，許多公司裡受過高等教育的副總裁可能都看不懂。然後，
他固定每週向所有員工公開營運和財務數字，讓大家看見公司
如何成長，每個人的工作如何帶來貢獻。這種做法在員工心中
激起的熱情、責任心和當責意識，超乎他的預期。四十年下來，
這家公司始終經營得很好。

我們在亞斯本討論這個案例時，有一位領導者不認同傑克
的做法，「我認為我的職責就是為員工撐起保護傘，讓他們不
被與工作內容無關的事分心。我聘請他們是為了讓他們發揮各
自的長才和興趣。我不希望他們浪費時間，聽這些他們不關心
的營運細節，這也不是他們的強項。」

我不同意：「傑克引導員工了解他們工作的原因，成功喚
起他們當責的意識。我不希望我的員工覺得自己只是**替 Netflix
做事**，我希望他們覺得自己**是 Netflix 的一份子**。」我也在當下
決定，想在 Netflix 工作，就要知道沒人會為你撐保護傘。你
要學會淋雨。

回到公司，我們開始每逢週五召開「全員大會」。派蒂會
站上椅子，吆喝大家注意，然後全體移動到停車場，只有那裡

空間能容納全公司的人。我會把損益表的影本發下去，大家一起確認當週數據。我們的出貨量多少？平均收益是多少？在推薦符合顧客需求的電影這方面，我們做得多好？我們也編了一份戰略檔案，寫滿我們不希望對手知道的資訊，就貼在咖啡機旁的布告欄上。

我們開放資訊，建立員工的信任和當責意識，希望獲得與傑克・史塔克的員工相同的成效。結果真的有效。我收起保護傘，但沒有人抱怨。從此，所有財務績效，以及其他 Netflix 競爭對手會樂於取得的資訊，全體員工都能自由取得，其中最出名的大概就是刊登在公司內部網路的四頁「戰略對策」（Strategy Bets）。

我的目標是讓員工感覺自己是公司的主人，反過來提高他們為了公司成績所願意承擔的責任。不過，向員工公開公司祕密還有另一個效果：我們的人變得更聰明。當你讓基層員工也能取得通常只限高階主管才知道的資訊，他們就可以自己完成更多事情，而且效率更快，不必老是停下來徵求資訊和許可。不必上級指示，他們就能做出更好的決定。

但多數企業都在沒有察覺的情況下，對財務和策略資訊保密，因此阻礙了員工發揮能力和才智。幾乎每家公司都說要授權給員工，但在絕大多數的組織，真正的授權都不可能實現，因為員工無法取得充分資訊，自然也無法為任何事作主。史塔克比喻得很好：

> 商業界危害最甚的問題，是對商業運作一無所知。就好像一群人參加棒球賽，可是沒有人向他們說明規則。球

> 賽就是商業行為。大家拚命想從一壘盜上二壘，但他們
> 根本不知道這對整場比賽有何意義。

如果主管不知道公司過去幾週乃至幾個月簽進多少客戶，以及公司目前在討論哪些策略，那他怎麼知道自己可以雇用幾個人？他必須去問他的上司。如果他的上司也不知道公司成長的細節，她也無法正確判斷，所以必須再去問她的上司。各層級有愈多員工清楚公司策略、財務狀況和每日進展，他們愈有能力做出資訊充分的判斷，不必層層等待上級指令。

當然，史塔克的公司不是唯一會向員工分享所有財務數字的私人企業。問題往往是在公司上市以後，高階主管會開始說：「我們得長大了，對待資訊要更謹慎。我們必須迴避風險，確保機密不會流到錯誤的人手上。」

我們回到情境 1 的問題，我的建議是，別因為公司上市就打開保護傘。2002 年，Netflix 首次公開募股後，我和問題中假想的經理面臨到相同的兩難。某個星期五，我接派蒂去上班，她在車上哀怨地說：「其他上市公司對華爾街公告以前，都只有高階主管團隊看過當季財務報表。這些資訊萬一外流，員工是要坐牢的！我們該怎麼做？」

但我心意已決。「如果我們突然不再向員工透露財務數字，這象徵了什麼？表示我們把員工當成外人！」我回答她，「我們不能隨著成長而開始隱藏資訊。你知道嗎，我們更要反其道而行。每一年，我們都要更大膽，比以往分享更多資訊。」

我們可能是唯一一家上市公司，敢在該季封關的前幾星期，就向內部分享財務損益結果。我們會在季度會議上向七百

多位高階主管宣布這些數字。財經界斥為魯莽之舉，但這些資訊從未外流。假如真有一天外流了（我猜有可能），我們也不會過度反應。我們只會針對個案處理，然後繼續實施透明化。

對員工來說，透明化已成為公司信任他們能當責的最大象徵。我們對員工所展現的信任，反過來也會使他們產生當家作主、奉獻和負責的心情。

幾乎每天都有新進員工向我表達 Netflix 的透明程度令他多麼驚訝，我聽了總是很高興。例如，投資關係與企業發展部門副總裁史賓塞・王（Spencer Wang）之前在華爾街擔任分析師，他分享了到職第一週的故事：

> 大家都知道，Netflix 是採訂閱模式的企業，所以計算營收的方式，就是把平均訂閱價格（公開資訊）乘上訂閱人數，每一季對外公告以前，這個數字都是最高機密。如果有投資人提早獲得這個數字，有可能利用該資訊交易 Netflix 的股票，違法賺進大筆財富。所以如果有 Netflix 員工對外洩漏，是有可能坐牢的。
>
> 三月某個星期一的早上八點，我還是公司新人，還在適應這個地方，心裡有些膽怯。我倒了杯咖啡，在辦公桌前坐下來，打開電腦。結果信箱裡有一封主旨為「每日會員數更新，2015 年 3 月 19 日」的信。信中以圖表和數字詳細說明了昨天在各個國家新增的訂閱人數。
>
> 我當場嚇傻。這麼敏感的資料，就這樣用電子郵件傳出來，可以嗎？我把電腦抱近胸前，背貼牆壁移動，深怕有人會從我背後偷看到信的內容。

　　後來，我們的財務長，也是我的上司，走到我座位來。我給他看那封信，問他：「這個資訊超級有幫助，但萬一洩漏出去也很危險。公司有多少人收到？」我以為他會說：只有你、我和里德，其他就沒了。沒想到他的回答是：「所有員工只要登入都能看到。只要你有興趣，這些資料對公司所有人開放。」

　　當然，就和 Netflix 所有企業文化原則一樣，透明化的確偶爾也會出問題。2014 年 3 月，一名內容開發總監在跳槽到競爭對手的公司前，下載了大批機密資料帶過去。這件事不只令人頭痛、引起法律訴訟，也耗費了我們大把時間。但遇到個別員工濫用你的信任，就把他當作個案處理，對其他人則要加倍強調你的承諾，繼續貫徹透明化。別因為少數人的不良行為，而去懲罰多數員工。

情境題 2：部門可能要改組

你和公司總部的上司已經討論了一陣子，部門未來可能會改組，你團隊裡的多位專案經理會因此失去工作。目前還在討論階段，也有五成機率不會發生。你會現在就告訴這幾位專案經理，還是等確定之後再說？

a. **船到橋頭自然直。**沒必要現在給人壓力。而且，如果今天就告訴專案經理，他們八成會馬上開始找新的工作，你有失去優秀人才的風險。

b. **採取折衷。**你擔心沒有預警就解雇，員工可能會措手不

及，但你也不想無故驚嚇他們。你決定暗示之後可能會有人事異動，但沒有明說實際會發生的事。聽說別家公司在招募專案經理，你會偷偷把職缺資訊留在他們桌上，讓他們可以開始評估其他選項。

c. **實話實說**。坐下來向他們解釋，他們之中有些人的職務半年後有五成機率會被裁撤。你會向他們強調，你非常重視他們，也希望他們能留下來——但你也希望維持資訊透明，好讓他們有充分資訊可以考慮自己的未來。

里德的答案：別怕自找麻煩

我的回答是（c）：實話實說。

誰都不想聽到自己有可能丟掉工作。人事異動向來令人不安，就算規模很小，例如轉調其他部門或被派去其他工作地點，也往往令人

煩惱不已。在還不確定時就告知對方，會引起焦慮，導致工作分心、效率不彰，說不定還會讓員工想轉職。何必要在還沒確定前自找麻煩呢？

然而，如果你想建立透明的企業文化，卻沒有事先告訴部屬可能的人事異動，等於是向員工昭告，你這個人說一套做一套，不能夠信任。你大聲宣揚透明化，卻在背後商討議論他們的工作。我會建議，凡事堅持透明，不用怕會自找麻煩。有些人可能會不高興，有些人可能會離開，但是沒有關係。等塵埃落定之後，留下的員工會比從前更信任你。

當然，每個例子都稍有不同，即使在 Netflix，每個員工對這種敏感的情境，也各有看法。有時候員工喜歡我們分享資

訊，有時候他們寧可我們保密別說。我們徵求 Netflix 員工自願回答情境題 2，以下是其中兩人的回答。

首先是數位產品副總裁羅伯·卡魯索（Rob Caruso）的回答，他的反應和我很像，很大的一個原因是他曾經歷不公開分享敏感資訊的後果：

> 進 Netflix 以前，我是 HBO 的數位產品副總裁。在 HBO，不管你爬到多高的職位，總是會覺得前面還有五扇永遠打不開的門。所有策略討論只會讓「需要知道」的員工參與。我也不是故意挑剔 HBO ——我覺得這是企業相當典型的做法。
>
> 十二月的某一天，我們要趕一個重要期限，我早早就去上班，公司裡一片死寂。我記得那天天氣很差，因為路上積雪泥濘，我沒穿皮鞋，只穿了一雙破球鞋。我走進辦公室時發現桌上有一張便條，要我進公司以後去長官的辦公室一趟。我很緊張，因為他從來不臨時找人開會的。我立刻想早知道不應該穿破球鞋來上班。
>
> 主管坐在他的辦公室裡，旁邊有一個面容和善的人，自我介紹說是我的新上司。我忽然覺得很害怕——這對我和我的團隊而言是什麼意思？十分鐘後，我才明白其實全都是好消息。沒有人會被解雇。新上司人也非常好。公司傳達的訊息其實是：「我們打算加碼投資你的部門，所以找來新的領導者，他能大大提升你們的執行力。」
>
> 但走出辦公室，我沒感覺到該有的欣喜，只有一股不被信任的苦澀。我連上面的主管在商量這件事都不知

道。公司在找新主管也沒告訴我。這無非又是一個高層
管理的祕密，讓我覺得在自己的公司像個陌生人。

隱瞞資訊太普遍了，所以後來我離開 HBO 加入
Netflix 後，受到很大的震撼。

我永遠忘不了我在 Netflix 的第一場季度會議。我到
公司才一個星期左右。我走進會議廳，周圍的人幾乎都
還不認識，我以為這八成又像以前在其他公司的主管會
議一樣，是那種自吹自擂的宣傳大會。偌大的會議廳裡
坐著四百名主管，里德向大家簡短打過招呼以後，他們
就關燈，升起白色投影幕，上面有幾個黑色大字：

外流以下內容，你或你的親友將會坐牢。
機密資訊，不可分享。

財務副總裁馬克・尤瑞柯（Mark Yurechko）笑容滿
面跳上舞台。向我們逐一說明該季財務狀況、股價走勢，
以及他預期今天公布的數字對股價有何影響。我在其他
公司工作幾十年，從來沒見過這種事，連近似的情況都
沒有，只有非常高層的一小群主管能知道這些資訊，其
他人想都別想。

接下來二十四小時，他們把公司目前正在煩惱的各
種策略詳情——包括組織重整以及里德和高階主管團隊
正在思考的其他重大變動，全都搬上檯面，讓我們分成
小組辯論。我心想：「我的天，這也太公開了！」

Netflix 把員工視為成年人，有能力消化困難的資訊，

我很喜歡這樣。這能使員工心中產生莫大的認同感、使員工願意為公司付出。因此對於情境題 2，我的答案是（c）：分享吧。對員工說實話。他們也許會很崩潰，但至少他們會知道你以誠相待，而這意義非常重大。

羅伯的想法和我一致，我聽到時也會心一笑。但第二個回答出自原創內容專案經理伊莎貝拉，其實更有意思，因為她的回答恰恰說明，講求透明的決定往往很難，沒有答案是完美的：

我遇過和情境 2 幾乎一模一樣的情況。而我學到的是，透明化雖然在現實中聽起來好，但很多時候不知道實情反而比較好。

我先說明背景，我和我先生想在洛杉磯 Netflix 分部附近找新房子，縮短我每天通勤的時間。我們找了十四個月，看了一百多間房子，最後總算找到夢想中的家──開放式格局，人在一樓廚房就能和二樓寢室的人說話，沒有牆壁阻礙。女兒上床以後，我可以一邊擦桌子，一邊唱歌哄她入睡。

我喜歡、也很擅長我的工作。我在雀兒喜・韓德勒（Chelsea Handler）的脫口秀節目組工作。Netflix 通常會一次上架一整季節目。但《雀兒喜》（Chelsea）一週錄影三次，每次錄影結束後，我們有二十四小時把節目翻譯成眾多語言，再上架到網路平台。我的工作就是管理這整個流程。有一天，我的上司艾隆在我的行事曆上註記開會，主旨是「討論未來」。

我們坐在「遠離非洲」[1]會議室。整個空間都是黃色的——黃色牆壁、黃色踏墊、黃色地毯和黃色椅子。艾隆在我面前拉開椅子坐下，然後說：「事情還沒決定，不過有五成機率，你現在擔任的節目管理職務會被裁撤。我們正在討論組織調整，你有可能丟掉工作，但半年到一年內我還無法確定。」我眼前頓時天旋地轉。黃色地毯變成黃色的天花板，我很難聚焦看著主管的臉。

在那之後，我陷入危機。我們放棄那棟房子，讓給了其他買家。工作恐怕不保了，我怎麼能買房子？接著我忍不住生氣。這件事又還沒完全確定，艾隆為什麼要給我壓力？每天傍晚，我會陪兩個兒子看電視，每當Netflix 的 LOGO 跳出來，我不再像以前一樣感到驕傲，反而滿心焦慮和怨恨。最可笑的是後來我沒有丟掉工作，只是換成別的專案。我放棄那棟房子，承受好幾個月的壓力，就為了到頭來沒發生的事。所以我會選（a）。何必無緣無故打亂員工的人生？

伊莎貝拉的看法也沒錯，先知道可能失去工作，的確會引起壓力，之後如果又發現那些失眠的夜晚全是徒勞，更是令人生氣。她雖然選了答案（a），我認為她的親身經歷只會更鞏固答案（c）的論點。

想像一下這件事如果有不同進展。假設艾隆決定在確定之

---

[1] 譯註：名稱取自 1985 年美國著名電影《遠離非洲》（Out of Africa），由勞勃·瑞福和梅莉·史翠普主演，獲頒七項奧斯卡獎。

前都不告訴依莎貝拉，她照計畫買下了那棟房子。再想想看，她好不容易搬完家，回來上班的第一天就聽見艾隆說：「對不起！你的職務被裁撤了，你的工作沒了。」她恐怕會氣到發狂，因為這件事明明會影響她的人生重大決定，艾隆和上級討論了那麼久，卻從來不讓她知道。

　　我們在 Netflix 的職責不是要干涉你買房子，或干涉你人生其他的重大面向。但我們有責任以成年人的方式對待你，把我們擁有的情報全部交給你，讓你有充分的資訊做決定。

　　透明化雖然是我們的行事原則，但我們也不是完人。我有一個 Google 文件只有我的六個直屬部下有開啟權限，裡面什麼都可以寫——包括「擔憂伊拉的工作績效」等等，這份檔案並不開放給公司其他人，但這只是極少數特例。整體而言，每次遇到疑慮，我們會盡可能及早公開事情的進程，創造信賴感，也協助大家認知到，雖然變動難免，但至少他們能不斷接收到最新資訊。

情境題 3：解雇後的對話

你決定解雇行銷團隊的資深員工寇特。他工作認真、待人友善，績效也有達水準。但有時候他會因為言詞笨拙，內部傳達或對外溝通時常說錯話，給公司惹來的麻煩已經累積太多了。

　　你請他走人時，他大受打擊，哭著說他對公司、同事和部門感情深厚。他希望你告訴大家，他是自己決定離職的，你會怎麼向員工說明這次解雇：

　　a. **向所有利害關係人實話實說。** 你寄出一封信給寇特在

Netflix 的同事，解釋寇特雖然工作認真、待人友善、績效也佳，但有時說話不看場合，給公司惹來麻煩。因為已經太多次了，你決定請他離開。

b. **說部分實話**。你告知團隊寇特離職，但你無權透露細節。他走了就走了，原因很重要嗎？別追究了，留點名聲給他吧。

c. **宣布寇特因為想多花時間陪伴家人，自願決定離職**。寇特曾為你認真效力，你都已經解雇他了，沒必要利用他殺雞儆猴。

里德的回答：把花招留給體操隊

我對情境題 3 的回答是（a）：實話實說。

操弄資訊讓組織、你本人或其他員工看似比現實美好，這在商業界太過普遍，很多領導者也沒意識到自己會做這件事。我們會選擇性分享事實、過度強調優點、將缺點縮到最小，以此編造「花式謊言」，全都是為了塑造他人觀感。

以下是另外兩個你可能見過的花式謊言：

- **「卡蘿是拉蒙部門裡的大將，現在她想找機會到別的領域發揮她的行政能力。」**
  翻譯：「拉蒙的團隊不想要卡蘿了。有沒有人願意接手，這樣我們就不必開除她？」

- **「為了促進公司內部合作，道格拉斯將轉換為協助凱瑟琳的角色。為他們兩人效力的優秀團隊也將合而為一，負責**

刺激的新任務，推動公司的銷售成績。」

翻譯：「道格拉斯被降為凱瑟琳的屬下。道格拉斯原本帶的人，現在都併入凱瑟琳的部門。」

取部分事實編造謊言，是領導者耗損信任最常見的方式，我要再次清楚強調：千萬別這麼做。你的人不是笨蛋。你用花言巧語唬弄他們，他們是看得出來的，你在他們眼中只會淪為騙子。有話直說，不要嘗試把不好的局面說成好的，員工聽得出你有沒有說實話。

我明白這有時候很難。任何追求透明的領導者很快就會發覺，開誠布公有時會與尊重個人隱私權相互牴觸，兩者都很重要。有人離職的時候，每個人都想知道原因，來龍去脈最後一定會曝光。如果你能平和且誠實地解釋開除某人的原因，八卦很快會退散，信任會提升。

幾年前，我們就碰到一個棘手案例，我們解雇了一位溝通不夠透明的主管。傑克當時原本會被升遷，但他的團隊裡有幾個人站出來說，傑克太常對部下談論政治，此外他們也覺得傑克聽不太進去別人的回饋。他們舉出幾個實例，他們誠實給予傑克回饋，傑克事後卻間接報復或惡意中傷。其中一例尤其不適當。傑克的上司和人資部門的人和他談過，但他卻編出更多故事，破壞了與他共事最密切的這群人的信任。

開除傑克後，他的上司一度也冒出常有的疑惑：該寄電子郵件向大家誠實說明前因後果嗎？還是應該讓傑克悄悄離開，或許就說，我們雙方都同意已經到了該改變的時候？

但透明是唯一符合公司原則的答案。因此他的上司最後寄出下面這封信給傑克的所有同事（這裡是精簡版）。

各位好，

我決定解雇傑克，我的心情很複雜。

傑克原本是升上高階主管職位的人選。雖然他為了此次升遷表現很認真，但有更多資訊顯示，傑克辜負了我們的期待，未能持續表現出領導者應有的品格。具體來說，我們現在明確看到，即使當面問他一個會影響公司、關於員工的重大問題，傑克也沒有坦率答覆我們。

傑克在 Netflix 效力多年，貢獻良多，有些人聽到這個消息可能會驚訝。他立下很多功勞，但我相信我收集到的回饋十分明確，也使我們必須做此變動。

說明某人離職原因，當然也有可能不小心過於直白，所以在考慮該公開的程度時，除了要尊重離職者的尊嚴，也須衡量全球不同市場的文化差異。我建議我們的主管盡可能追求透明，但也務必自問：「這封信，我能心安理得地拿給我解雇的人看嗎？」

剛才的例子裡，傑克的問題行為發生在公司內部。假如問題是該不該公開談到某名員工個人的困難，情況會更加複雜。遇到這一類例子，我建議採取不同作法。

2017 年秋，我們一位主管曾為酗酒成癮所苦，我們原先都不知道。他某次出差時再度酒癮發作，之後立刻住進勒戒中心。我們該怎麼告訴他的團隊成員？他的上司認為還是應該遵照 Netflix 文化，向大家說實話才對。人資部門則堅持這是他個人的隱私，他有權利決定要公開多少。這個例子我認同人資

部門。倘若事關個人，個人隱私權的重要性就大過組織對透明化的追求。我們後來告訴大家，這名主管因個人因素休假兩星期。是否公開更多細節，留給他自己決定。

　　總體來說，我認為難題如果與工作上的事件有關，那大家都該得知詳情；但若難題與員工個人處境有關，要不要公開細節應該由他自己決定。

情境題 4：如果犯錯的是你

你創辦了一家新創企業，有百名員工。經營很不容易，雖然你全力以赴，還是犯了一連串嚴重錯誤。尤其是你在五年內聘用又開除五名銷售經理。每次你都以為找到了合適人選，但共事以後才發現新人沒有相應的能力。你心裡明白，每次用人不當都是因為你的判斷出錯，你會向員工承認錯誤嗎？

　　a. **不會！你可不希望團隊對你的領導能力失去信心。**你手下某些頂尖員工甚至可能會另謀出路。但另一方面，第五任銷售經理剛被開除，大家都看在眼裡，你總是得說點話——簡單帶過好了，說現在好的銷售經理很難找，還不如專心把力氣放在下次找對人。

　　b. **會！你希望鼓勵員工冒險，把犯錯當成冒險途中必經的一環。**更何況，你能公開承認自己的錯誤，其他人也會更信任你。下次公司會議就告訴團隊，你連續五次失策，沒能聘用到適任的銷售經理，你很過意不去。

里德的回答：小聲慶祝勝利，大聲承認犯錯

我的回答是（b）：會！我會承認我搞砸了。我的事業生涯早期，Pure Software 初創那一陣子，我因為太過不安，不敢與員工公開談論犯錯，結果我學到很重要的一課。當時我犯了很多領導者會犯的錯，心裡一直有疙瘩。我不只缺乏管理能力，我也真的在五年內聘用又解雇了五位銷售經理。前兩次我還會怪罪我雇用的那個人，但第四次和第五次也失敗後，很明顯問題在我。

我向來把公司看得比自己重。我確信我的無能會對公司不利，所以我去找董事會，像去告解一樣，一五一十說明我的不適任，並且提出辭呈。

但是 Pure 的董事會不接受。從財務來看，公司有賺錢。他們同意我在管理方面的確犯了錯，但他們堅稱，就算聘請新人接替我，那個人也會犯錯。那場會議中發生兩件奇妙的事。一是我說出實話、坦承過錯之後，不出所料，我感到如釋重負。第二件事更有趣：在我開誠布公對他們露出脆弱的一面以後，董事會似乎更加相信我的領導能力。

我回到公司，下一次全體開會時，我做了與先前在董事會辦公室相同的事。我詳細列出我犯的錯，為傷害公司表達懊悔。結果這一次不只是我覺得輕鬆許多、也不只建立了員工對我的信任，也開始有人主動向我承認他們犯的錯，之前他們都把錯誤掩蓋起來，不敢面對。我說出來，讓他們也卸下重擔，也提升了我與同事的關係，同時我也得到更多資訊，讓我能更妥善地管理公司。

2007 年，將近十年後，我加入微軟董事會。當時微軟的執

行長巴爾默（Steve Ballmer）是個身材高大、精力旺盛、待人
友善的人。他也會毫不遮掩地談論自己犯的錯，「你們看，我
真的把事情搞砸了吧。」他會這麼說。這讓我感覺與他很親近。
多真誠又體貼的一個人！然後我才意識到：這不就是正常的人
性嗎？人會比較願意信任能夠坦承錯誤的人。

　　從此以後，每當我覺得自己犯了錯，我會充分、公開、頻
繁地談論這個錯誤。很快我就看出領導者自曝其短的最大好
處，就是能鼓勵每個人把犯錯當成正常的事，反過來也等於鼓
勵員工在不確定成果的時候敢於冒險，進而促使公司上下更能
創新。自我揭露能建立信任，向外求助能促進學習，承認錯誤
能養成寬恕，廣播你的失敗能鼓勵你帶領的團隊拿出膽識。

　　這也是為什麼碰到情境題 4，我絕對毫不保留。謙虛是領
導者為人榜樣的重要品格。成功時，靜靜帶過就好，或讓別人
代你提起。但犯錯時，反而要大聲清楚說出來，好讓其他人能
藉機學習，從你的錯誤中受益。換句話說：**「小聲慶祝勝利，
大聲承認犯錯。」**

里德太常公開談論擔任 Pure Software 執行長時
犯的錯，讓這段經驗聽起來像是一場大災難，
但事實上，1995 年由摩根史坦利發行其股票以
前，他的公司年收入已經連續四年收入翻倍，
兩年後更以七億五千萬美元價格出售，里德得到部分的錢，成
為創立 Netflix 的種子資金。

　　研究也支持里德對於領導者公開坦承犯錯具有正面效應
的看法。布朗（Brené Brown）在她的《脆弱的力量》（*Daring*

Greatly）一書中，依據她做的量化研究解釋：「我們喜歡看見他人敞開心胸，表露真實，卻會害怕別人看見自己的內心……脆弱在你身上是勇氣，在我身上是失態。」

布盧克（Anna Bruk）與德國曼海姆大學（University of Mannheim）團隊好奇是否能用量化方式重現布朗的研究結果。他們請一群受試者想像自己置身多種脆弱情境——例如在激烈爭吵後率先道歉，或向工作夥伴承認犯了大錯。當受試者想像自己置身這類情境，他們傾向認為表現出脆弱會讓自己顯得「軟弱」和「失態」。但若是想像他人處於這類情境，他們更有可能形容表現脆弱是「好的」且「令人高興」。布盧克總結，坦承犯錯對人際關係、心理健康和工作成效都有好處。

另一方面，也有研究指出，某人如果已經被認定無能，坦承犯錯只會強化他人的負面看法。1966 年，心理學家阿隆森（Elliot Aronson）做了一項實驗。阿隆森請學生聽幾位報名參加學術問答大賽的選手面試錄音檔。其中兩名選手表現出聰明才智，多數問題都答對了，但另外兩名選手只答對了三成。接下來，一組學生聽見摔破杯子的聲音，然後會聽到聰明的選手說：「哎呀，我把咖啡潑得滿身都是，新西裝都髒了。」另一組學生也聽見相同的聲音，但接著是聽到表現平庸的選手坦承打翻咖啡。之後這些學生表示，得知聰明選手出醜，反而更加喜歡他。對平庸的選手則正好相反。學生表示見到他的脆弱一面，反而更不喜歡他。

這種傾向有個名字，稱為「出醜效應」（pratfall effect）。意思是一個人依據其整體表現給人的印象，吸引力會在犯錯後隨之上升或下降。紐約利曼學院（Lehman College）教授羅許

（Lisa Rosh）進行的研究中，一名女性自我介紹，但沒有先提到她的成就與學經歷，而是提到她昨晚如何徹夜照顧生病的寶寶。結果她花了好幾個月才重建名聲。如果同一位女性先被介紹是諾貝爾獎得主，之後再說出同一段徹夜照顧寶寶的故事，反而會喚起聽眾溫暖與同感的反應。

從以上研究結果與里德的建議可以整理出一個重點：**已經充分展現能力且受到團隊愛戴的領導者，公開坦承錯誤能建立信任及鼓勵冒險**，公司將因此受惠。但如果領導者能力未經證明，或者不被信任，在你大聲坦承錯誤之前，最好先建立他人對你能力的信任。

我們的經驗 5

················

如果你有最頂尖的員工，也建立了誠實回饋的文化，公開公司機密將能增進員工當責和為公司奉獻的意識。只要你相信部屬能妥善處理敏感資訊，你所展現的信任會激起責任感，員工會向你證明自己值得信任。

‖ 重點回顧

- 提倡透明文化，先想一想你發出的信號。打開門禁森嚴的辦公室、移除扮演守衛的助理和開啟所有上鎖空間。
- 開放式管理員工，教他們看財報，與公司所有人分享敏感的財務及策略資訊。

- 公司決策如果會影響員工福利，例如改組或裁員，要在確定之前及早向員工公開。雖然可能會引起焦慮或分心，但你建立的信任會勝過壞處。

- 透明化與個人隱私牴觸時，遵照以下原則：與工作有關，選擇透明，誠實說明事件的前因後果。與員工個人生活有關，向其他人說明你無權分享，他們想知道可以直接詢問當事人。

- 只要你已經證明自己的實力，對大家承認錯誤，並鼓勵所有主管這麼做，能提升公司的信任、善意和創新。

邁向 F&R 文化

Freedom + Responsibility

現在,高人才密度、誠實回饋和組織透明化都到位了,
你也稍微實驗過象徵意義上的自由(例如廢除休假限制
和差旅及費用報銷規定),是時候讓自由大幅躍進了。

下一章的主題是「決策不必經過核准」,除非你已經成
功實行前幾章談到的主題,否則還不能實施這一步。假
設你已經打好基礎,那麼下一章的做法最有可能提高公
司上下的創新、效率和員工滿意度。

第六步，放寬更多控制……

6

決策不必上級核准

2004 年，我們還是郵寄租借影音光碟公司，泰德·薩蘭多斯負責採購所有 DVD，決定某一部新電影該訂購六十片還是六百片。我們會把這些 DVD 郵寄給租片的顧客。

有一天，一部關於外星人的新電影推出了，泰德認為會很搶手。他一邊和我喝咖啡，一邊填寫訂購單，他問我：「你覺得這部電影我們應該訂幾片？」

我回答：「喔，我覺得不會有很多人想看。訂個幾片就夠了。」結果一個月內，那部電影變得超級熱門，我們的存貨根本不夠。「那部外星人電影，你當初怎麼不多進一些？」我大聲對泰德抱怨。

「是你叫我別進太多的！」他抗議說。

我從這件事開始意識到傳統決策金字塔的危險。我是老闆，我意見很多，而且都會講出來，但我並不是決定該進多少

片 DVD 的最佳人選，也不是每天在 Netflix 做出許多重要決策的人。我告訴他：「泰德，你的職責不是取悅我，也不是揣摩我會認同的決定。你的職責是為公司做正確的事，你不能放任我把公司推下懸崖！」

在大多數公司，老闆會核准或否決員工的決定。這種做法注定會限制創新，拖慢成長。我們在 Netflix 強調，與主管意見不同、執行主管不喜歡的點子，都是可接受的。我們不希望只因為主管看不出好在哪裡，大家就把好點子打入冷宮。因此我們在 Netflix 表明：

不必討好上司
盡力去做對公司好的事

業界盛傳許多執行長或高階主管因為專注細節，打造出不凡產品或服務的神話。關於賈伯斯的傳奇，都說是他的微觀管理讓 iPhone 成為明星產品。大型廣電集團和電影製片公司高層，有時候也會插手創意內容的許多決策。有些高層甚至會誇自己是「奈米級管理」。

當然在多數公司，即使主管沒有微觀管理，員工還是會揣摩上意，盡量做上司最有可能支持的決定。大家普遍有個觀念，認為主管能爬到比較高的職位，想必也比較有見解。如果你還珍惜你的工作，不想被指責不服從，最好乖乖聽主管說怎麼做最好，照主管的意思行動。

我們不採用這種上對下的典範，因為我們相信，當所有的員工都能自己決定自己負責，公司效率最好，也最能創新。在 Netflix，我們努力在公司培養能做出好決策的人，我們也以高

階主管少做決策為傲。

不久之前，Facebook營運長雪柔・桑德伯格花了一天跟我一起工作，旁聽我所有會議和一對一面談。我偶爾也會像這樣跟隨矽谷其他公司的執行長，我們透過見習彼此的行事作風來學習不同的管理方式。事後雪柔告訴我她的觀察心得，她說：「跟著你一整天，我看到最驚訝的是，你一個決策也沒做！」

我聽了很高興，因為這正是我們追求的目標。分散決策模式（dispersed decision-making model）已經成為我們文化的基礎，也是我們能快速成長及創新的一大原因。

我們剛開始合作寫這本書時，我問里德可以挪出哪些時間，他回答說：「噢，你看需要多少時間，我差不多都能安排。」我很意外，Netflix正飛速成長，他不是應該忙翻了嗎？但里德對分散決策模式深具信心，依照他的典範，執行長不忙，才算真正做好他的工作。

分散決策模式，只有在高人才密度且組織透明度極大化之下才行得通，少了這些必要條件就不行。但一旦條件俱全，你不只可以廢除象徵性的規定（例如休假紀錄），更多了力量可以大幅增進全公司的創新速度。保羅・羅倫佐尼（Paolo Lorenzoni）是行銷專才，原本在義大利天空電視（Sky Italy）工作，後來加入 Netflix 阿姆斯特丹分部，他比較前公司與現在的工作，用實例說明這條原則：

天空電視是《冰與火之歌：權力遊戲》（*Game of*

Thrones）在義大利唯一的播映商。主管要我為節目構想
廣告企劃，我想到一個好點子。

看過《冰與火之歌》的人，一定知道守護國境的冰
封長城。影集很多劇情都在極度寒冷的絕境長城上拍攝，
這給了我廣告的靈感。

米蘭溫暖的黃昏，四個好朋友在戶外小酌。夕陽西
斜，他們穿短袖棉T，坐在露天庭院，手舉高腳杯啜飲
粉紅貝里尼調酒。身後的窗戶映著屋內的電視螢幕。其
中一人看看手錶，《冰與火之歌》快開播了，他笑著說：
「我們最好趕快進去，凜冬將至（眨眼）。」另外兩個
朋友不想錯過影集，也趕緊起身收拾。但第四個朋友沒
聽懂。「你在說什麼？外面明明很熱！」其他三個朋友
笑他聽不懂，看來他家一定沒有天空電視，所以不知道
凜冬長城。「等你有了，你就懂了！」他們對他說。

聽過企劃的每個人都很喜歡。但在天空電視，所有
決定都須經過執行長核准，偏偏執行長就是那個不懂的
人。他只聽了大概三分半鐘就扼殺了這個點子。

保羅被聘請到 Netflix 負責義大利地區的節目廣告。Netflix
有一部熱門原創影集《毒梟》（Narcos），他很確信收視率一
定能爆表。影集描述哥倫比亞毒梟艾斯科巴（Pablo Escobar）
的故事。主角長相英俊，梳八〇年代油頭，蓄著濃密鬍髭。
「儘管他幹下各種非法勾當，你還是會忍不住支持他。」保羅
解釋說。「義大利人很愛看黑幫影集，一定會喜歡。我好幾個
晚上睡不著，在家裡走來走去，為了想出能吸引義大利全國的

企劃。廣告一定會成功，我幾乎當下就能預見。只是會花很多錢，我得動用義大利地區所有行銷預算。」

但保羅不知道新上司會不會同意他的點子，他的主管行銷副總裁傑瑞特・韋斯特（Jerret West）是長住新加坡的美國人。主管會理解他的創意，讓他執行下一步嗎？

> 傑瑞特正好要出差來阿姆斯特丹。我已經為這個企劃投入了好幾星期，萬一被否決，所有心力全白費了。星期一、星期二、星期三，我日思夜想，寫下我能想到最有說服力的說詞。星期四中午，我把內容寄給傑瑞特。按下寄出之前，我小聲懇求電腦：「拜託，讓傑瑞特答應。」
>
> 　開會那天，我緊張到要把雙手插進口袋才不會一直發抖。但會議中傑瑞特多半都在說聘用新人遇到的難題，我壓力大到幾乎聽不下去。我深吸一口氣，然後打斷他說：「傑瑞特，我想確定待會有時間討論我對《毒梟》的提案。」

保羅不敢相信傑瑞特竟然回答：

> 「哪個環節你特別想討論嗎？保羅，決定權在你。還是有哪裡需要我協助呢？」那一刻，我頭上燈泡一亮：我懂了！在 Netflix，只要你能說明某個決定的來龍去脈，前置作業就算完成了。不需要徵求上司核准。決定權操之在你，由你自己決定。

誰都渴望工作授予自己決策權，更能發揮自己的才能。從 1980 年代以來，商管界就有很多理論在教人如何放權，「授權給員工，讓員工賦權」。概念就和保羅的經驗一樣，人們對自己的企劃被授予愈多權力，愈覺得有責任作主，也會愈有動力做出最好的成績。對員工一個口令一個動作早已不合時宜，只會引來抗議：「管太多！獨裁者！暴君！」

但在大多數組織，不管員工有再多自訂目標、開發創意的自主權，幾乎所有人都還是會同意，上司有責任確保團隊不會做出愚蠢決定，不會浪費時間和資源。如果你正好就是那個上司，里德那句「不必討好上司」的箴言，聽在耳裡可能不只奇怪，還會讓人很驚慌。

你準備好真正放寬控制了嗎？

想像以下情境。你在一家步調快速、走在業界尖端的公司，獲得一個待遇優渥的管理職。你的薪水很高，管理五名經驗豐富、工作認真的部屬。一切都很美好……除了一個小小的警訊。這家公司只雇用最頂尖的人才，績效不佳就會被開除。你感受到龐大的績效壓力。

你不是樣樣都要管的上司。你知道用什麼方法，不必隨時監督員工，告訴他們要用哪一枝筆、接哪一通電話，也能把事情做好。事實上，你在前公司就以授權式領導受到讚揚。

某天早上，團隊的成員席莉亞，帶著一個提案來找你。她有一個推動公司進步的創新想法，而不用你建議她的方案。你

一向佩服席莉亞的能力，但你認為這個新點子一定會翻船。假
如你允許她花費四個月去執行這個你覺得註定會失敗的企劃，
到時候你的上司會怎麼看你？

　　你熱心地向她解釋了所有你反對的原因，但你一向努力放
權給員工，所以還是把最後決定權交給席莉亞。她向你道謝，
答應會考慮你提出的看法。一星期後，席莉亞又找你開會。這
次她說：「我知道你不贊成，但我還是要執行這個新點子，因
為我認為能帶來更多好處。如果你仍堅持否決我的決定，請你
現在告訴我。」你該怎麼做？

　　假如，想像情境又更複雜了呢。兩天後，另一名員工也帶
著新發想來找你，表示他打算投入一半時間去執行。你很確定
這個發想也一樣會失敗。又過了幾天，第三個人也冒出類似要
求。你很在乎自己的事業，也很在乎部屬的事業，因此很想告
訴他們，他們不應該執行這些新做法。

　　我們的座右銘是員工要做什麼，不必經過主管
核准（但是務必要讓主管知道正在進行的事）。
如果席莉亞帶著你認為註定失敗的提案來找
你，你要回想席莉亞當初為何會到你的團隊，
你為什麼會用業界最高薪資雇用她。問問自己這四個問題：

- 席莉亞是不是優秀的員工？
- 你相信她有良好的判斷力嗎？
- 你覺得她有能力做出正面貢獻嗎？
- 她的能力是否足以待在你的團隊？

假如對上述任何一個問題，你的答案是否定的，你就應該

解雇她（下一章我們會談到「表現平庸的員工，會領到優厚的資遣費」）。但如果答案都是肯定的，你就該站到一旁，由她自己決定。當上級讓出「核准決策」的角色，公司不僅效率提升，創意也會增加。記得保羅花了多少時間準備，希望傑瑞特允許執行他的新點子嗎？假如傑瑞特否決他的企劃，保羅就得放棄一個他深具信心的提案，重新探索其他方案。他投資的時間，還有那個好點子，全都浪費了。

　　當然，部屬的決策不會每次都成功。甚至當主管不再扮演核准的角色時，部屬可能會更常失敗。這也正是為什麼，當你已經覺得行不通時，就很難真正放手讓席莉亞執行她的點子。

Netflix 都嗑了什麼

　　幾年前，我到日內瓦出席一場會議。我坐在吧台，無意間聽到兩位執行長聊到創新的困難。其中一位是瑞士人，經營一家運動用品公司。「我們一位經理建議在所有分店設置直排輪道，吸引年輕顧客捨棄網路商店，改到實體店面消費，」他說。「我們公司很需要這種創新想法。但她提出建議後，又立刻開始自我反駁。店面沒有空間！太貴了！可能很危險！短短兩分鐘，都還沒詢問上級主管的意見，她已經完全打消念頭了。我們公司每個人都太不敢冒險了！毫無創新機會。」

　　另一位執行長是美國服飾零售商，聽了頻頻點頭：「我們辦公室掛了布條，寫著：留十分鐘給創新。我們的問題是，大家工作太認真了，沒時間去想新的方法，所以我考慮給大家留

一點時間，單純用來思考。我們之後會實施『創意星期五』，
每個月一天，所有員工什麼都不用做，只要專心想好點子。我
們成天掛在 Google 上工作，到 Amazon 買東西，用 Spotify 聽
音樂，搭 Uber 去 Airbnb 的出租公寓，晚上看 Netflix 追劇。
但我們卻始終搞不懂，這些矽谷公司為什麼能走在那麼前面，
創新得那麼快。」

「不知道他們在 Netflix 都嗑了什麼，」他總結說，「看
來我們也需要來一點。」

偷聽到這裡，我不禁一笑。我們在 Netflix 都嗑了什麼？
我們的員工是很優秀，但他們剛進公司時，也和那位提出直排
輪道點子的女士一樣，滿心想著減少失敗機率。我們沒有創意
星期五，沒有創新布條，我們的員工也很忙，程度不亞於那位
服飾零售商。

差別在於我們給員工決策自由。如果你的員工能力優秀，
賦予他們自由，讓他們能夠執行自己相信的聰明點子，創新自
然會發生。Netflix 不像醫學或核能，我們不在首重安全第一的
市場。預防犯錯在某些產業非常重要，但我們身處的是創意市
場。長遠來看，我們的最大威脅不是犯錯，而是缺乏創新。我
們所冒的險是拿不出新的創意娛樂顧客，因此失去影響力。

你如果希望你的團隊多多創新，就要教員工去尋找可以推
動公司前進的方法，而不是討好上司的方法。訓練員工挑戰主
管，就像席莉亞一樣：「我知道你不贊成，但我還是要執行這
個新點子，因為我認為能帶來更多好處。如果你仍堅持否決我
的決定，請你現在告訴我。」同時也教導主管要像席莉亞的上
司一樣，即使基於長年的經驗，心中抱有懷疑，也別輕易否決

部屬的決定。有時候員工會失敗，主管會忍不住想說：「看吧，我早就說了。」（但席莉亞的主管沒說！）也有的時候，雖然主管持保留態度，員工還是成功了。

卡莉‧佩雷茲（Kari Perez）就是很好的例子，她是 Netflix 傳播部門的總監，負責建立公司在拉丁美洲的品牌知名度。卡莉是住在好萊塢的墨西哥人：

> 2014 年末，Netflix 在墨西哥還沒沒無聞。我對改變現況有個想法，我想把 Netflix 宣傳成支持墨西哥本土內容的平台，雖然我們當時沒有任何原創墨西哥影集。
>
> 我的想法是提名該年度十部墨西哥電影大作──有知名墨西哥導演，並由本土明星主演。我們也會選出一個十人評審團，全部由墨西哥名人組成，像是安娜‧狄拉雷格拉（Ana de la Reguera，電視連續劇明星，後來也參與《毒梟》演出）和馬諾羅‧卡羅（Manolo Caro，墨西哥名導演，最近剛登上《浮華世界》雜誌封面，身穿抓皺西裝，躺臥在兩位美麗的女演員之間），目標是借助這些名人的影響力，提升品牌的知名度。
>
> 參與電影和評審團的名人，會在社群媒體上討論他們最喜歡的電影，鼓勵民眾上推特、臉書和 LinkedIn 投票。得票數最高的兩部電影，將贏得在 Netflix 國際公播的一年合約。評比結束後，我們會舉辦盛大典禮，邀請墨西哥各界的大人物。
>
> 但我的上司傑克不喜歡這個點子，何必為了 Netflix 根本還沒製作的電影，花這麼多時間和金錢？更何況，

我們已經在巴西做過類似嘗試,與電影節合作,但還沒得到任何實際成效。傑克在大小會議上公開表明,假如他有權決定,絕對不會讓我們做下去。

但我很有信心。我已經做好賭一把的準備,萬一失敗,我會負責。我仔細聽過傑克擔心的事,才決定找當地名人和片商,而不是與電影節合作,以免重複巴西的失敗經驗。當然,明知道老闆認為你做了錯誤決定,卻仍要執意前進,心裡還是很害怕。

結果我用不著擔心。評選活動發表和結束當天,記者會現場擠滿媒體,活動開始後那幾週,推特也被評選動態大肆轟炸。評審團名人瘋狂透過臉書和推特轉貼活動訊息。製片、導演和演員也各自發起活動,讓 Prêmio Netflix 一舉躍為墨西哥獨立電影界的重要平台。

安娜・狄拉雷格拉 @ADELAREGUELA 4 Mar 2015
#PremioNetflix 墨西哥。登入 premionetflixmx.com 參加投票,
支持墨西哥獨立電影!!

數千位民眾參與了投票。對我們來說真是關鍵的一刻。一夕之間,人人都知道 Netflix 這個品牌。我知道活動很成功,因為許多大人物都出席了頒獎典禮,包括墨西哥總統潘尼亞尼托(Enrique Peña Nieto)的女兒。之後,墨西哥當代最有名的女演員戴卡斯提洛(Kate Del Castillo)也搭乘私人客機進場,走上紅毯。為她租飛機的不是別人,正是我(不再持保留態度)的主管!

> 下一次團隊會議時，傑克站起來當著大家的面宣布
> 他錯得徹底，這是一場很成功的宣傳活動。

　　為鼓勵像卡莉這樣的員工和傑克這樣的主管改變觀念，勇
於實驗，我們常用賭博下注來比喻。這個比喻能刺激員工把自
己當成創業家——沒經歷過一些失敗通常不會成功。卡莉和
（前面幾頁）保羅的例子，反映了 Netflix 的日常。我們希望
所有員工勇於嘗試新事物，對自己相信的做法下賭注，哪怕主
管或其他人認為那個點子很笨。如果某些賭注有去無回，只要
盡快解決問題，討論從中學到的教訓就夠了。在創意產業，快
速復原就是最好的模式。

下注前（後）須採取的步驟

　　「下賭注」與「創業家精神」被綁在一起已有
數十年。1962 年，史密斯（Frederick Smith）在
耶魯大學的經濟學課程上寫了一篇報告，描述
他發想的一種隔夜快遞服務。概念是：星期二
在密蘇里州交付包裹，只要付的錢夠多，包裹星期三就能送達
加州。據說史密斯那篇報告只拿到 C，教授對他說，想拿到更
高分，概念必須可以實踐。如果這位教授是史密斯的老闆，他
肯定會徹底阻礙創新。

　　然而，史密斯是創業家，這篇大學報告成為他在 1971 年
創立 FedEx 聯邦快遞的基礎。他也是一個豪賭之人。FedEx 早

期有一年，銀行拒絕展延一筆重要貸款，於是史密斯拿了公司
僅剩的五千美元，跑去拉斯維加斯賭 21 點，贏回兩萬七千美
元，順利付清公司兩萬四千美元的燃料帳單。Netflix 當然不鼓
勵員工賭博，但的確希望把史密斯某些精神傳達給員工。卡莉
回憶道：

> 剛進 Netflix 時，傑克對我說，我應該想像我手上得到一
> 疊籌碼，我可以對任何我相信的想法下注。但我必須認
> 真研究並謹慎思考，確保我押的是最好的選項，傑克也
> 親身做了示範。賭博時輸時贏，最終評斷我的績效表現，
> 看的不是個別賭注是不是押對了，而是整體上我是否有
> 能力妥善運用這些籌碼，推動公司前進。傑克挑明了說，
> 在 Netflix，你不會因為賭錯一次就丟掉工作，只會因為
> 沒有善用籌碼做出貢獻，或長久下來持續做出不當判斷，
> 工作才會不保。

傑克向卡莉說明：「我們不要求員工做決定前先徵求上級
主管核准，但我們知道要能做出適當的決定，需要充分掌握資
訊、有旁人從不同觀點提出回饋，並且充分獲知所有選項。」
如果有人用 Netflix 給予的自由，擅自執行重要決策，卻沒有
徵詢他人的看法，公司會認為這就是判斷不當的表現。

接著，傑克向卡莉介紹了 Netflix 創新循環（Netflix
Innovation Cycle），她可以參照這個框架，讓她下的賭注有最
大機率成功。遵行這四個簡單的步驟，就能把「不必討好上司」
的原則發揮到最好。

Netflix 創新循環

當你對一個想法充滿熱忱，可以：

1. 積極詢問各方意見（farm for dissent），或為你的想法廣求支持（socialize）。
2. 想法如果規模很大，先調查清楚。
3. 成為掌握全盤的領袖（informed captain），勇敢下注。
4. 成功則慶祝，失敗則坦承檢討。

積極詢問各方意見

「積極詢問各方意見」，來自 Qwiskster 的潰敗，那是 Netflix 史上最大的錯誤。

2007 年初，我們有同時提供郵寄 DVD 加線上串流服務的方案，價格是十美元。但很明顯，串流的地位將會愈來愈重要，租 DVD 的人會愈來愈少。

我們希望專注於開發串流服務，不要為 DVD 業務分心，所以我想到把兩項業務分開：Netflix 提供影音串流，我們再開一家新公司 Qwikster，負責 DVD 市場。有了兩家獨立公司，兩種服務可以各收費八美元。對同時想使用 DVD 和線上串流的顧客來說，代表費用一下漲到了十六美元。但新的安排能讓 Netflix 專心打造屬於未來的公司，不用被過去郵寄 DVD 的物流業務拖慢腳步。

消息一公開便激起顧客強烈反彈。新模式不只比較貴，也代表顧客必須到兩個網站、管理兩項訂閱。接下來幾個季

度，我們失去上百萬個用戶，股價也下跌超過七成五。因為我的錯誤決定，我們過去累積的一切全都付諸流水。那是我事業上最低潮的時刻——我絕對不想再重蹈覆轍。我在 YouTube 上道歉影片的鏡頭前看起來快崩潰了，還被《週六夜現場》（*Saturday Night Live*）拿來開玩笑。

但這次的羞辱也是一記寶貴的當頭棒喝，事情過後，好幾十位 Netflix 的主管和副總裁向我承認，他們從一開始就不看好這個主意。其中一個人說：「我早就料到會是一場災難，但我心想里德向來不會出錯，所以就保持沉默。」另一個財務部門的人也同意：「我們覺得那是個瘋狂主意，因為我們知道有很大比例的客戶每個月付十美元費用，但根本沒使用 DVD 服務。里德為什麼要做一個會讓 Netflix 虧錢的決定？但其他人好像都沒反應問題，所以我們也沒說話。」另一名經理則說：「我一直很討厭 Qwikster 這個名字，但其他人沒抱怨，所以我也不好抱怨。」最後是一名副總裁對我說：「里德，你只要認定了一件事就容易一頭熱，我覺得說了你也不會聽。早知道我拚死也應該勸你，可惜我沒有。」

我們一天到晚說要誠實回饋，但 Netflix 文化至此對員工傳達的訊息卻是：反對意見不見得受歡迎。因為這件事，我們在文化裡加進了新的要素。我們現在會說，**當你不同意某個想法卻不表達意見，就是對 Netflix 不忠誠**。你保留看法，形同默默選擇不幫助公司。

為什麼所有人看著里德把船駛向 Qwikster 風暴，都默不作聲？

　　部分原因是人類天生有合群的衝動。有一支實境偷拍式的搞笑短片，影片中先看到三個安排好的演員搭乘電梯，三人都背對電梯門面向牆壁。接著一位小姐走進電梯，起初看起來滿頭霧水。這些人幹嘛面壁？雖然她明顯覺得他們行為很古怪，但慢慢也忍不住轉身面壁。人往往覺得合群比較自在。

　　生活中許多方面，合群並無不妥。但一味合群也有可能迫使我們順從、甚至主動支持直覺上或根據經驗來說太瘋狂的想法。

　　另一個原因是，里德是公司的創辦人兼執行長，情況因此更加複雜，因為我們大多數人也都有根深蒂固的觀念，會追隨及仿效我們的領導者。我們可在葛拉威爾（Malcolm Gladwell）的《異數》（*Outlier*）一書中看到，大韓航空曾發生一起重大墜機事故，起因就是員工不敢告訴機長飛機有異狀，因為希望對機長的權威表現尊重。這是人的天性。

　　Qwikster 危機過後幾個月，在為期一週的高階主管檢討大會尾聲，所有人圍坐成一圈，輪流講述學到的教訓。當時的人資部門副總裁，現為人資長的潔西卡・尼爾回憶說：「里德是最後一個，他一開口眼淚就掉下來，他非常懊惱把公司帶到這種境況，說他學到很多教訓，也很感謝我們大家陪他挺過難關。那是很令人動容的一刻，在別的公司的執行長身上大概不多見。」

我很難做出最佳判斷，除非有很多人給予意見。所以現在，我和 Netflix 的每個人在做任何重大決定前，都會主動徵詢不同看法。我們稱為「積極詢問各方意見」。通常我們在 Netflix 會盡量避免建立太多程序，但這一條原則特別重要，所以我們建立了多重系統，以確保各方意見都能被聽見。

假設你是 Netflix 員工，而你有一個提案，你會先建一個公開備忘錄，說明你的想法，並邀請數十位同事給予回饋。他們會在你的電子檔頁面邊緣留言，所有人都看得到。大略瀏覽留言，你就能大概看出有哪些不同意和支持的看法。比方說，看看下面的備忘錄截圖，大家在討論 Android 智慧型電視的下載功能。

有時候，提案的員工也會發出公開的電子試算表，請大家從 − 10 到 +10 分為此提案評分，並留言說明原因。這是了解反對意見有多強並展開辯論的好方法。

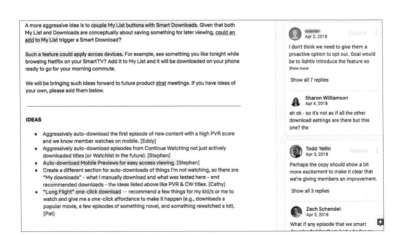

我在一次大型主管會議前，發下一份備忘錄，概述我提案配合新的遞增式定價模型，將 Netflix 訂閱費用漲價一美元。有好幾十位經理人加入評分並留下意見。這裡用精簡後的表格列出其中幾人的意見：

艾力克斯	－ 4	一次改變兩個部分，不太好
黛安娜	8	就在大型市場啟動前，時機正好
賈麥	－ 1	部分遞增收費的做法是對的，但在今年漲價不太妥當。

用試算表收集正反意見，這個方法超級簡單。而且當你的團隊全由高績效者組成，這個方法更能提供非常寶貴的意見。這不是投票或少數服從多數的機制。你不必把數字加總求平均。表格只是呈現了各式各樣的看法。我用它來收集誠實的意見，再做重大決定。

你愈是積極詢問各方意見，愈能鼓勵公開表達異議的文化，公司也愈能做出更好的決策。這對任何產業、任何規模的公司都適用。

為你的想法廣求支持

....

比較小型的提案不一定要積極詢問各方意見，但依然要深思熟慮，讓大家知道你打算做什麼，為你的提案試水溫。回頭看看席莉亞的例子，你的部屬帶著你反對的點子來找你，解釋過不認同的原因以後，你可以建議她向同事或公司裡其他主管溝通這個想法。這代表她要多次開會、說明提案內容、與人討論、驗證她的想法、收集眾多看法和資料數據，然後再做決定。廣求支持也是積極詢問各方意見的一種形式，只是比較不看重反方意見，比較強調多方詢問。

2016 年，我個人就有一次跟大家溝通想法後反而改變看法的經驗。

在那之前，我一直認為兒童節目不會為 Netflix 帶來新客戶，更不用說留住原有客群。誰會為了兒童節目訂閱 Netflix？我深信都是成人喜歡我們的內容才選擇 Netflix，他們的小孩只是有什麼就跟著看。所以開始製作原創節目以後，我們也只專注於給大人看的內容。兒童部分，我們繼續向迪士尼頻道和尼可兒童台購買節目版權。後來 Netflix 雖然有發行自己的兒童節目，也沒有像迪士尼頻道那樣投資重本，兒童內容團隊不認同這種做法，他們主張：「孩子是 Netflix 下一代顧客。我們希望他們和爸媽一樣喜愛 Netflix。」團隊希望公司也開始製作原創兒童內容。

我不認為這是好主意，但我還是向內部徵求意見。下一次的季度大會，我們把現場四百名主管員工照圓桌分成六十組，

每組六到七人。他們會拿到一張小卡，請他們討論以下問題：我們應該多花、少花，或是不要花錢製作兒童內容？

　　現場一面倒地支持投資兒童內容。一位也是媽媽的主管走上台，慷慨激昂地表示：「來這裡工作以前，我訂閱 Netflix 只是為了讓我女兒看《愛探險的朵拉》（*Dora the Explorer*）。比起我自己想看什麼，我更在乎孩子看什麼節目。」另一位爸爸也上台說：「還沒進 Netflix 以前，我會訂閱是因為我信任這個平台的內容適合給我的小孩看，」他接著解釋原因：「我和太太都不看電視，但我兒子會看。Netflix 不像第四台有一堆廣告，也不會像 YouTube，滑著滑著不小心會掉入陷阱。小孩如果對 Netflix 的節目沒興趣，不想看了，我們也會取消訂閱。」我們的員工一個接一個上台指出我錯了，他們相信兒童節目對於我們的客戶非常重要。

　　不到六個月，我們從夢工廠聘請到負責兒童與家庭節目企劃的新任副總裁，開始製作自己的動畫節目。兩年後，我們的兒童節目單已經增加兩倍，2018 年更以《愛麗莎與凱蒂》（*Alexa and Katie*）、《歡樂又滿屋》（*Fuller House*）和《波特萊爾的冒險》（*A Series of Unfortunate Events*）三部原創兒童節目獲得三項艾美獎提名。到今天，我們已經以《皮巴弟先生和薛曼秀》（*Mr. Peabody and Sherman Show*）及《巨怪獵人：幽林傳說》（*Trollhunters: Tales of Arcadia*）等兒童節目贏得十幾座日間艾美獎。要是我沒花時間廣求支持，這一切都不可能成真。

規模很大的想法，先做調查

....

多數成功的公司都會進行各種調查，想了解顧客行為和背後的原因——調查的結果通常會影響企業的策略。Netflix 的最大差別在於即使主管表明反對某個提案，相關測試依然能進行。Netflix 要不要提供下載服務的討論，就是鮮明的例子。

2015 年，如果你想在飛機上觀賞你最愛的 Netflix 影集，可能會失望。當時 Netflix 使用者無法把內容下載到手機或其他裝置，都是網路線上串流。沒有網路，就看不到 Netflix。Amazon Prime 有提供下載功能，YouTube 在部分國家也有，所以這個話題在 Netflix 內部不斷被討論。

當時的內容長尼爾‧亨特反對提供下載功能，他認為這麼大的企劃不只花時間，也偏離了核心任務——那就是提升網路連線差的地方的串流品質。何況，網路會愈來愈快也愈普及，下載功能也會愈來愈沒用。英國媒體引述尼爾的論點，認為下載其實是為生活增加更多麻煩：「你還要記得你想下載哪部影片。下載也不是一秒鐘的事，你的裝置容量要夠大，還要管理下載內容，我不確定真的有人喜歡做這些事，我也不敢保證提供這樣麻煩的服務是值得的。」

尼爾不是唯一反對下載的人。里德在員工會議上經常被問及為何沒有下載功能。以下是他對相關問題的回答，詳載於 2015 年一份 Netflix 全體員工都能點閱的文件：

員工問題：現在其他服務都在增加離線下載功能，你覺得 Netflix 拒絕提供這項服務，會不會對品牌品質形象產生負面影響？

里德回覆：不會。我們很快就會宣布首次機上免費 Wi-Fi 串流合約，可完整收看 Netflix。我們的焦點是串流，隨著網路普及（到飛機上等等），顧客的下載需求也會逐漸消失。屆時我們的競爭者必須繼續支援逐漸縮減的下載用戶群，絆手絆腳好幾年。我們在這方面的品牌品質形象最後反而會遙遙領先。

員工問題：這份文件前面有人留言提到，沒有提供下載功能是因為費用昂貴的問題。那我們有沒有可能只針對最熱門的影集和電影買入下載授權，只提供給最高等級收費用戶使用？

里德回覆：我們認為在不久的將來，串流會隨處可得，包括在飛機上。整體使用者體驗因下載功能而複雜化，卻只有百分之一的用戶得利，我們希望避免這種做法。我們的判斷是應該追求好用而非複雜。

　　尼爾和里德兩位公司高層，公開和私下都擺明反對這個主張，在多數組織，討論應該到此結束。但尼爾的部屬產品副總裁陶德‧耶林（Todd Yellin）心中存疑，他找使用者體驗高級研究員柴克‧申德爾（Zach Schendel）研議做一些調查，了解尼爾和里德的主張是否準確。柴克記得當時的情況：

　　我心想：「尼爾和里德都表明反對，我們做調查沒關

係嗎？」如果在我以前的公司，這絕非明智之舉。但 Netflix 向來有很多基層員工不畏上級反對、做出意想不到的創舉的故事，所以我決定硬著頭皮試試看。

YouTube 在美國未開放下載功能，但在印度和東南亞等少數地方有，這點耐人尋味。Netflix 在 2016 年 1 月也準備大舉進軍國際，這些國家對我們來說都很重要。我們決定調查印度和德國兩地，了解有多少比例的用戶會使用下載功能。在印度調查 YouTube 用戶，德國則是 Watchever 用戶（德國同類型影音平台），至於在美國，我們則調查 Amazon Prime 用戶（因為 Amazon Prime 有下載功能）。

依據調查結果，美國 Amazon Prime 用戶有 15％ 到 20％ 有在使用下載功能，比里德估計的 1％ 高出很多，雖然在用戶中明顯仍占少數。

印度的調查顯示，YouTube 用戶有七成以上會使用下載功能。這是很高的數字！常見的理由包括：「我上班通勤要一個半小時，路上又老是塞車，我等於每天要花一個半小時塞在車陣裡。海德拉巴的手機網路速度不夠快，所以我會把想看的內容先下載好。」另一個例子在美國可能很難想像：「我公司的網路夠快，可以串流，但是家裡的不行。所以我會在辦公室先把節目下載好，晚上回家慢慢看。」

德國沒有印度的塞車或通勤距離問題，但網路也不像美國到處都很穩定。「我在家裡廚房看影集，每幾分鐘就會停下來轉圈圈。」一位德國民眾解釋，「所以我

> 都在客廳先下載好，客廳網路比較快，到廚房煮飯才能
> 邊看邊作菜。」德國的調查結果介於美國和印度之間。

　　柴克把調查結果報告給主管亞德利安‧拉努斯（Adrien
Lanusse），亞德利安再給他的主管陶德，陶德又再給他的主
管尼爾，尼爾再報告給他的主管里德。里德看了以後說，他和
尼爾都錯了──而且眼看即將進軍國際，Netflix最好加緊開發
下載功能。

　　「我先聲明，」柴克最後說，「我在公司只是無名小卒。
我只是個研究員，但我卻能發表跟領導高層的公開看法不同的
聲音，為下載功能重振旗鼓。這就是Netflix的精神。」

　　Netflix現在有下載服務了。

成為掌握全盤的領袖，勇敢下注

積極詢問各方意見，把想法擴散出去，先調查
清楚。這聽起來很像是在建立共識，但其實不
是。所謂建立共識，表示是由團體決策；但在
Netflix，某位員工可以向相關的同事徵詢意見，
但進一步執行前不必取得同意。我們的四步驟創新循環是給
「個人」決策前獲取資訊的方法。

　　每一個重要決策必定有一個掌握全盤的領袖。這個人有完
全的決策自由。像艾琳所舉的例子裡，席莉亞就是那個領袖。
做決定的不是她的上司或其他同事。她收集意見，自行判斷，

之後也要為結果負起全責。

2004 年，行銷長萊絲莉帶進一個辦法，強調最清楚狀況的人也須為決策負起全責。在多數公司，所有重要合約皆由組織高層簽署。但在萊絲莉鼓勵之下，她的部屬卡蜜兒開始簽署所有由她本人負責談成的媒體合約。有一天，我們的法律總顧問跑去問萊絲莉：「你沒和迪士尼簽這麼大的合約吧！為什麼上面有卡蜜兒的名字？」萊絲莉回答：

> 合約的所有人及簽署者，理當是把合約視為生命的那個人，而不是某個部門主管或副總裁，不然就等於從負責的人身上奪走對企劃的責任。當然，我也看過這些合約，但卡蜜兒以她做出的成績為豪，這是她的功勞，不是我的。她投資了心力，我希望她保持下去，我不會把我的名字放上合約，搶走她的所有權。

萊絲莉是對的，今天 Netflix 全體上下也效法她的例子。在 Netflix，你凡事都不必找主管簽名。你如果是掌握全盤的領袖，作主權在你手中——請自己為文件簽名。

當你讀到 Netflix 的自由與責任文化，很容易被自由甜美的概念沖昏頭，而忘了伴隨而來的責任重量。當掌握全盤的領袖，自己為合約簽名，就是個好例子。雖然里德絕對無意讓員工的恐懼，但自由與責任之所以能順利運作，部分原因就在於大家確實會感受到伴隨自由而來的責任重擔，也因此會格外努力。

　　很多人和我聊到自己簽合約的壓力，奧瑪森·哥斯塔（Omarson Costa）是 Netflix 巴西分部的元老員工。他說起自己剛進公司擔任營運部門主管的故事：

> 　　我剛進 Netflix 幾星期就收到法律部門的郵件，信上說：「奧瑪森，你有權為 Netflix 簽署在巴西的合約和協議。」
> 　　我以為信是不是還漏了一部分，所以馬上回信問：「以多少金額為上限？如果超過那個金額，我應該找誰核准？」
> 　　對方的答覆是：「沒有限制，依你判斷。」
> 　　我不懂。他們的意思是說，牽涉數百萬美元的合約，我也能簽名嗎？他們怎麼會把這麼大的權力交給一個人在拉丁美洲、才剛認識幾星期的員工？
> 　　我又驚喜又害怕！他們信任我，所以我的判斷力也必須非常敏銳，決定前也必須研究到無可挑剔才行。我一個人，將為我的上司、我上司的上司、上司的上司的上司，為整個 Netflix 做決定，不必經過誰核准。我感受到責任中摻雜了恐懼，那是我從未有過的感覺！這種感覺刺激我比過去都更認真，確保我簽下的每份合約對公司都是有利的。

　　Netflix 員工感受到的責任感往往很強烈。國際原創內容總監狄亞哥·阿瓦洛（Diego Avalos），2014 年離開 Yahoo 加入 Netflix 比佛利山莊辦公室時，還不清楚自己即將扛起什麼樣的責任：

我剛進 Netflix，主管就請我完成一部電影的收購程序，我們用三百萬美元買下這部電影。以前在 Yahoo，連五萬美元的合約都需要財務長或法律總顧問簽名。我在 Yahoo 雖然任職總監，也沒有自己簽過任何合約。

我把協商條件都搞清楚了，但聽到上司說：「合約就簽你的名字。」我還是充滿焦慮。這實在令人難以置信。萬一有地方出錯呢？我會不會因為犯錯而丟掉工作？Netflix 相信我是優秀同仁，但現在卻往我脖子上掛了套索，我一不小心就可能會把自己吊死。我的心臟狂跳，不得不離開辦公室，先去外面透透氣。

之後，法務部門複審完合約內容，交給我簽名，我看到簽名線底下印著我的名字，雙手直冒冷汗。我拔開筆蓋，筆尖不停顫抖。不敢相信我被賦予這麼大的責任。

但同時，我也感到解放，那種感覺難以言喻。我會離開 Yahoo，一個原因就是覺得凡事都無法作主。即使我想到好點子，提出新提案，但等到所有人都核准以後，感覺早已不是我的點子了。就算失敗了，我也會覺得：「反正其他三十個人也都同意了！不是我的錯！」

我大概花了半年才習慣 Netflix 這種做法。我發現重點不在於要把事情做到多完美，重要的是快速行動，從做中學。我身在一個可以為自己的決定負責的地方，我整個職涯做的準備就是為了今天。最近我簽下一份一億美元的多層次合約——我已經不再覺得可怕，我覺得爽快極了。

　　有能力的人當掌握全盤的領袖，往往會覺得獲得解放——有很多人正是為了這份自由而加入 Netflix。也有的人像狄亞哥一樣，發現畏懼的心情多過於自在的感覺。若是這樣，他們得學著調適，不然只好離開。

成功則慶祝，失敗則檢討

　　如果席莉亞的提案成功了，你身為主管要讓大家知道你很高興。你可以拍拍她的背、敬她一杯香檳，或是請整個團隊出去吃飯。如何慶祝隨你決定，但你一定要表現出來，而且最好能公開表現，你很高興她沒有因為你的疑慮而放棄，同時也要清楚表明「你是對的！是我錯了！」藉機讓所有員工看見，與上司意見牴觸沒關係。

　　如果席莉亞的提案失敗了，身為主管的你有何反應更加關鍵。失敗之後，人人都會睜大眼睛看你接下來會怎麼做。一種可能的反應是處罰、責備或羞辱席莉亞。西元前 800 年，經商失敗的希臘商人要被迫頭頂水桶坐在市集中央；十七世紀的法國，破產商人得在廣場公開受人數落，如果不想入獄坐牢，還得忍受每次上街都得戴上綠帽子的羞辱。

　　在今天的企業組織，大家對失敗的態度通常比較低調。身為主管的你可能會斜眼看席莉亞，嘆口氣低聲說：「唉，我早就知道會這樣。」或者，你也可能拍拍她，用親切的語氣說：「下次聽我的吧。」又或者，你可能會對她訓話，把公司必須

完成的事細數一遍，然後感嘆浪費時間在早就能料到的失敗上有多可惜。（從席莉亞的角度來看，頂水桶或戴綠帽似乎還好受一點。）

假如你採取的是以上任一種對策，我能向你保證一件事。未來不論你怎麼辯解，團隊裡的每個人都已經知道「不必討好上司」只是個笑話，那些籌碼和賭注的比喻只是裝模作樣，你在乎的終究只是預防犯錯，而不是創新。

與其如此，我們建議採取三步驟回應：

1. 透過這個專案學到什麼。

2. 不要小題大作。

3. 請當事人「亮出」失敗。

1. 透過這個專案學到什麼

失敗的專案常常是邁向成功的關鍵一步。每年一到兩次，我會在產品會議上請所有主管填寫一個簡單的表格，概述他們這兩三年來下的所有賭注，簡單分成三類：成功的賭注、失敗的賭注，以及沒賺也沒賠的賭注。然後，大家再分成小組，討論每個分類中的項目，以及從每次下注學到什麼。這樣的練習能提醒大家，他們應該大膽執行想法，有賺有賠是過程中必然的一環。他們可以從中看到，下注與個人的成敗無關，而是一個學習過程，總體來看能推動公司向前走。這也有助於新進員工習慣公開承認自己搞砸了許多事情——我們大家都是一樣的。

2. 不要小題大作

....

你對失敗的賭注小題大作，會扼殺大家未來冒險的可能。大家會發現，你鼓吹的分散決策模式只是口頭說說，不會真正實行。克里斯·傑菲（Chris Jaffe）在 2010 年到 Netflix 擔任產品創新總監，他清楚記得有一次下錯賭注，浪費了數百小時的人力和資源，但里德並沒有大驚小怪：

> 2010 年，你可以用電腦串流電視節目，但智慧型電視還不多。想在電視上串流收看 Netflix 節目，必須透過 PlayStation 或 Wii 遊戲主機。
>
> 我希望用戶打開衣櫃，搬出家裡舊的 Wii 主機，開始串流 Netflix。這種把網路帶到客廳的做法，絕大多數用戶從來沒體驗過。我決定動用手下的設計師和工程師團隊，改良 Wii 主機上的 Netflix 介面，現有的介面超陽春。在我的監督下，團隊投入數千個小時開發比較複雜的介面，我認為可以吸引使用者。團隊全副精神執行這個企劃超過一年，我們把企劃取名為「探險者計畫」。
>
> 好不容易完工了，我們對二十萬名 Netflix 用戶測試新介面。得到的結果讓我差點中風。新介面讓用戶使用 Wii 平台的意願下降！我們以為一定是系統內有程式錯誤，於是從頭到尾檢查一遍後，再度發布測試。結果還是一樣，用戶就是喜歡原本比較陽春的版本。
>
> 我剛進 Netflix 才不久。在這個企劃之前，成功推行

過一次創新，但接著就栽了個大跟頭。我們每季會與里德召開一次名為「消費者科學」的研討會議。產品經理一一上台，報告最新的產品開發動向。哪些投資成功？哪些失敗？我們從中學到什麼？我所有同事都會在場，所有上司也都會在（我的主管陶德，他的主管尼爾，然後是里德）。

我不知道會發生什麼事。里德會因為我浪費幾千小時和幾十萬美元而狠狠訓我一頓嗎？尼爾會奉承老闆嗎？陶德會不會感嘆早知當初就不應該聘我來？

Netflix 總是說要把失敗的賭注亮出來，意思是要開誠布公地談論哪裡出了差錯。我看過主管非常有力且毫無遮掩地談及自己的錯誤，所以我決定不只要把我的失敗亮出來，更要用一道強烈的光束照在上面。

我走上台，台下暗不見底。我放出我的第一張投影片，上頭用粗體紅字寫著：

探險者計畫：我巨大但失敗的賭注

我說明了這個企劃，詳細分析每個成功和失敗的環節，同時解釋這百分之百是我下的賭注。里德問了幾個問題，我們討論哪些因素導致企劃失敗。接著里德問我們從中學到什麼。我告訴他，我們學到複雜的系統會削減用戶的使用熱忱。順帶一提，因為有探險者企劃失敗在先，現在全公司都知道這個教訓。

「很好，這點很有意思，我們一起記住，」里德總結說，「那麼，這個計畫結束了。下一個是什麼？」

　　一年半以後，克里斯多了幾次成功經驗，被升為產品創新副總裁。

　　里德的反應，是領導者唯一能鼓勵創新思考的反應。見到賭注落空，主管一定要小心措辭，對可獲得的教訓表達興趣，但不要出言譴責。那一天，每個走出會議室的人都記住了兩個重要訊息：第一，你如果下注但失敗了，里德會問你學到什麼。第二，你大膽做了一個嘗試，就算不成功，也沒人會鬼吼鬼叫——你更不會丟掉工作。

3. 請當事人「亮出」失敗

如果你的賭注失敗了，頻繁公開談論事情經過是很重要的。如果你是主管，務必清楚表明，你期待所有失敗的賭注都能被公開詳細說明。克里斯大可把他的失敗藏進抽屜、怪罪別人，或是推卸責任以求自保。但他沒有，他展現莫大的勇氣和領導能力，正面檢討自己失敗的賭注。

　　他這麼做不只幫了自己，也幫了 Netflix 全體。關鍵是要讓員工時常耳聞其他人失敗的賭注，這能鼓勵他們勇敢下注（當然也可能失敗）。不做到這樣，你不可能擁有創新文化。

　　在 Netflix，我們盡可能照亮每一個失敗的賭注。我們鼓勵員工寫公開備忘錄，誠實說明事情經過，附帶詳述學到的教訓。以下是這類溝通的一個精簡範例，正巧也是克里斯‧傑菲寫的，不過已經又過了幾年。時間是 2016 年，主題是另一個

沒有成功的企劃，企劃名為「備忘計畫」。

備忘計畫最新情報──產品管理團隊：克里斯‧J

　　大約一年半前，我在產品策略會議上提出，希望在我們的第二螢幕播放介面中新增補充資訊的詮釋資料，例如演員小傳和相關影片。

　　經過一番辯論，我決定正式進行這個企劃。我們開始在Android 行動裝置上做這項備忘體驗，費時超過一年。去年九月，我們做出可上線的版本，開始進行小規模測試。

　　今年二月，我判斷不該繼續下去，中止了企劃。

　　我在此強調，執行計畫和後來持續投資，全部都是我做的決定。結果與花費應由我負起全責。投資超過一年的時間，卻決定不要繼續，不只浪費時間資源，也讓我學到一課。以下是我學到的幾件事：

- 執行這個企劃的機會成本很高，結果拖慢了其他行動裝置的創新。這是我在領導及制定目標上的失誤。

- 我應該考慮到第二螢幕的用戶族群很小，深入了解的辦法有限。我以為這個族群會變大，但我錯了。

- 我應該更深入考慮當初在策略會議獲得的建議，Darwin 作業系統可能更適合測試這個想法。這也提醒我應該敞開心胸，挑戰自己先入為主的認知。

- 產品策略會議後，即便仍要做這個企劃，之後也要討論停損點在哪。這不符合我們對產品創新的態度，也不是公司的行事原則。

- 我應該更早意識到想法行不通，幾個月前就應該立即中

止。去年九月的當機率就是警訊。終點總彷彿近在咫尺，但那往往只是幻象。

當你把錯誤的賭注亮出來，所有人都得利。你會得利，因為大家知道你會說實話，也會為你的行動負責。團隊得利，因為大家能從企劃中學到教訓。公司也會得利，因為人人都清楚看到，成功創新如果是一個轉輪，失敗的賭注就是其中固有的零件。我們不應該害怕失敗。我們應該擁抱失敗。

然後更常把錯誤亮出來！

借用上一章的術語，預先計畫好的賭注失敗了，在 Netflix 不太會是 SOS（祕密的材料），實際犯錯還比較有可能是。克里斯公開談論探險者計畫和備忘計畫這兩個失敗的賭注時，沒什麼丟臉的。他所做的正是 Netflix 要求的事：大膽發想，對自己相信的想法下注。有此為前提，之後要站上台或寄信向大家說：「看看這是我下的賭注，結果不如我預期。」其實不難。

但如果你是真的犯錯，那麼不只十分丟臉，萬一這個錯誤還暗示你的判斷力嚴重失準，或粗心大意的話，你會更無地自容。

假如這個令人難堪的錯還不小，裝沒事推卸責任的誘惑會很大。Netflix 不建議你裝死。犯了大錯後想活下來，更有必要把錯誤攤在陽光下。公開承認錯誤才會獲得原諒，至少起初幾次會。但若你掩飾錯誤，或是一再重犯（如果你習慣否認錯誤就很有可能發生），後果反而會更嚴重。

雅絲明・朵曼（Yasemin Dormen）是住在阿姆斯特丹的土耳其社群媒體專員，她很清楚公司對於錯誤的想法。她回憶自己在宣傳 Netflix 熱門影集《黑鏡》（*Black Mirror*）第四季時犯下大錯。

某一集《黑鏡》有一個角色瓦爾多，是一隻藍色的卡通熊。第四季預定在 2017 年 12 月 29 日上線，所以我異想天開，想了一個佳節宣傳手法。

土耳其有一個類似 Reddit 的論壇，我們會用「我是瓦爾多」（iamwaldo）這個 ID，向數百名論壇用戶發出一則神祕宣傳訊息。內容是引人好奇的暗語：「我們知道你在想什麼，等著看我們會怎麼做。」我希望大家看到了會發推特給朋友，互相討論：「瓦爾多回來了嗎？《黑鏡》第四季是不是要出了？」我很期待後續引發的討論熱度。

但我犯了一個錯，我沒有為這個想法廣求支持。我忙著規劃與家人的一整週假期。我沒告知其他國家的行銷同事，也沒有主動詢問 Netflix 通訊團隊的意見。我只安排好這件事，然後就陪我爸去希臘度假了。

12 月 29 日當天，我和我爸正在雅典的博物館聽導覽員介紹，我的手機突然鈴聲大響。全球各地的同事都對土耳其發出「我是瓦爾多」訊息以及後續引發的媒體風暴氣得跳腳。其中一則簡訊寫：「是我們的人搞的嗎？」我慌張地用手機上網搜尋，才看到土耳其媒體全都要瘋了。

科技部落格 Engadget 如此說明事發經過：

> 看來這一季主打的是陰森惱人的網路行銷活動。Netflix
> 對土耳其地位等同 Reddit 的 Ekşi Sözlük 論壇用戶直接發
> 出宣傳訊息，原本目的是要配合《黑鏡》第四季發行激
> 起討論熱度，卻把網友嚇得半死。「我是瓦爾多」（源
> 自《黑鏡》第二季〈瓦爾多時刻〉該集主角）的 ID，三
> 更半夜傳來訊息，彷彿語帶威脅地寫著：「我們知道你
> 在想什麼，等著看我們會怎麼做。」

鬧劇甚至也傳到英國主流媒體，《每日快報》（*Express*）
新聞網站頭條高呼：「《黑鏡》第四季：『詭異行銷』引觀眾
怒吼『這不好笑！』」雅絲明回想這整起痛苦經驗：

> 我的心沉入谷底，我的胃劇烈翻攪。這件事百分之百是
> 我的錯，是我安排這個活動，卻沒詢問任何人的意見。
> 我的同事氣炸了，我的主管則一頭霧水。
> 　我爸爸把我拉到一旁。我向他解釋情況，只差沒哭
> 出來。他聽了倒抽一口氣，問我：「你會不會被炒魷魚？」
> 這句話逗得我笑了。「不會啦，爸！Netflix 員工不會因
> 為這種事就被炒魷魚。只會因為不敢冒險、不大膽嘗試，
> 才可能被解雇。或是事情搞砸了卻不公開承認。」
> 　當然，我絕對不會再犯下舉辦行銷活動卻沒徵詢意
> 見的錯誤，否則真的有可能被炒魷魚。
> 　我剩下的假期都用來向大家敘述我犯了什麼錯，以

及從錯誤中學到什麼。我寫下好幾份備忘錄，打了數十通電話，整個假期都在曬太陽──把我的過錯攤在陽光下，不是一般人在希臘海邊曬的日光浴。

雅絲明後來在 Netflix 仕途順遂。「我是瓦爾多」鬧劇的五個月後，她升任高階行銷經理，要承擔的責任多了 150％。一年半之後，她又爬上行銷長的位子。

最重要的是，不只雅絲明學到教訓，Netflix 全體行銷團隊也從她的錯誤中學到寶貴的一課。「我們現在聘請行銷人才，有一連串歷史案例可以拿來教他們哪些事別做。土耳其的《黑鏡》宣傳活動是我們最愛提的一個教學案例，大家津津樂道。」雅絲明解釋說。「這個案例清楚呈現為想法廣求支持、徵詢意見有多重要，漏掉這個步驟會有什麼結果。此外也讓所有行銷同仁牢牢記住，我們在 Netflix 的目標是創造快樂時光，任何行銷活動只要有一點詭異，就不應該進行。不要用驚嚇行銷吸引民眾收看我們的節目。令人興奮、快樂，好玩的，才是好的行銷宣傳。」

我們的經驗 6

高人才密度和組織透明化如果已經到位，更易於創新的決策流程就有可能實行。你的員工能大膽發想、檢驗想法，就算與主管意見不同，也能押下自己相信的賭注。

Ⅱ　重點回顧

- 在快速創新的公司，當責意識很重要，重大決策應該分散由不同階層的員工決定，而不是照職位高低向下指派。
- 要能順利運作，領導者必須教導員工 Netflix 的原則：「不必討好上司」。
- 應該告訴新進員工，他們現在手上就像有一疊籌碼，他們可以自由下注。有些賭注會成功，有些會失敗。員工表現是依照所有賭注的整體結果而定，而不是單一案例的結果。
- 為幫助員工押下好的賭注，鼓勵他們積極詢問各方意見、廣求支持。如果是很大的賭注，最好要先調查清楚。
- 教導員工萬一下注失敗，應該公開坦承錯誤。

邁向 F&R 文化

Freedom + Responsibility

你的公司現在因自由與責任文化受惠良多。效率變好了、創新變多了，員工也比較快樂。但隨著組織成長擴張，你可能會發現維持這些努心經營出來的文化並不容易。Netflix 就發生過這樣的事。2002 年到 2008 年間，本書前六章所述的各個層面，我們大多已經奠下基礎。但每星期都有十幾名新員工從其他公司加入，要改變大家的觀念，照 Netflix 的方式工作，變得愈來愈困難。

因此，我們提出一整套具體做法，供公司內部所有主管使用，以確保人才密度、誠實和自由等關鍵要素不會隨變化和成長消失。這些具體做法就是第三部分的主題。

持續深化
自由與責任的文化

第三部把焦點放在你在團隊或組織內部可採行哪些具體措施,以強化我們在前兩部討論的概念。第七章會探討留任測試,是Netflix用來鼓勵主管維持高人才密度的主要方法。第八章會介紹鼓勵主管、員工和同僚之間持續大量給予彼此回饋的兩套步驟。第九章會考慮你實際該如何調整管理風格,給予部屬更多決策自由。

第七步，人才密度最大化......

7

留任測試

2018 年，耶誕節後、元旦前的那一星期，Netflix
有好多值得慶祝的事。過去六個星期是公司有
史以來最成功的日子。我打電話給泰德向他道
賀，心情好得不得了。

泰德的團隊在十一月推出《羅馬》，是導演艾方索・柯朗
親自編導的一部電影，述說墨西哥中產階級家庭一名家庭幫傭
的人生。《紐約時報》稱之為「大師傑作」，盛讚《羅馬》是
Netflix 歷來最佳原創電影。這部電影後來也贏得最佳導演和最
佳外語片兩座奧斯卡獎。

幾星期後，泰德團隊又推出末日驚悚片《蒙上你的眼》
（Bird Box），珊卓・布拉克（Sandra Bullock）飾演的女子為
求保命，必須帶著兩個孩子踏上危險旅途，包括蒙住眼睛划向
湍急河流的下游。《蒙上你的眼》在 12 月 13 日上線，一週內
就有四千五百萬多個 Netflix 帳號觀看，是有史以來上線第一

週最多人次觀看的 Netflix 原創電影。

　　「你們這一個半月真是不得了！」我恭喜泰德。他回答我說：「是啊，我們都很會挑！」他一定聽出了我的困惑，隨即解釋：「不是嗎，你挑了我，我挑了斯科特・斯圖博（Scott Stuber），斯科特挑了賈奇和泰瑞爾，賈奇和泰瑞爾挑了《羅馬》和《蒙上你的眼》。大家都很會挑！」

　　泰德說得對。在我們的分散決策體系下，從開始選了最頂尖的人，頂尖的人又會選擇最頂尖的人（依此向下類推），最後就會產生好的結果。泰德稱此為「每一關都選對人」（hierarchy of picking），這正是高人才密度的意思。

　　選對人，乍聽之下好像在談雇用人才。理想上，一個組織只要慎重選擇人才，這些精挑細選而來的員工就會永遠發光發熱。但現實沒這麼簡單。不論你再慎重，有時候也不免用人有誤，有時候是你用的人辜負期待沒有成長，也有時候是你的公司需要改變。要能實現最高境界的人才密度，你必須準備好隨時能做出艱難決定。倘若你真心重視人才密度，你必須習慣去做一件困難百倍的事：解雇一名不錯的員工，因為你認為能請到更優秀的人選。

　　這件事在許多公司很難做到，其中一個原因出在企業領袖不斷告訴員工：「我們是個大家庭。」但高人才密度的工作環境不是大家庭。

家庭不論「表現」，都要守在一起

....

幾世紀以來，幾乎所有企業都由家庭經營，也難怪今日企業領袖最常見的比喻就是把公司喻為家庭。家人代表歸屬感、安心，以及互相支持共謀長遠的承諾。誰不希望員工對公司懷抱深切的敬愛和忠誠？

沃爾瑪超市數十年來鼓勵商場的迎賓員要把自己視為「沃爾瑪大家庭」的一份子。進行迎賓訓練時，公司告訴他們要盛情歡迎每一個人，如同在自家裡接待貴客。

Netflix 前工程副總裁丹尼爾·雅各布森（Daniel Jacobson）在華盛頓特區的 NPR 國家公共廣播電台工作十年之後來到 Netflix，又待了十年。聊到 NPR 的家庭氣氛有何好處，他這樣說：

> 我在 1999 年末進入 NPR，我是第一個線上錄取的全職軟體工程師。剛進公司時，我備感振奮。想在 NPR 工作的人都相信媒體的使命，也熱愛公司對新聞的奉獻。這種共同使命感締造出的文化，有時候不像職場，反而更像一家人。這種感覺很吸引人，我也在公司建立很多親近的人際關係。
>
> 　NPR 的家庭文化強烈到很多人把同事化為真正的家人。公司的創辦元老史坦伯格（Susan Stamberg）為員工保存了一份「相識結婚名單」。NPR 是一個相對小的公司，在這裡認識的夫妻名單相當長。

　　丹尼爾也記得當時有些同事說：「在 NPR 待三年，一輩子都會在 NPR。」

　　當然，家人也不只關乎愛和忠誠。在家裡，我們會饒恕彼此的過錯，忍受彼此的古怪和任性，因為我們承諾會長久互相支持。有人行為不良、沒有做好自己份內工作、或無法善盡責任，我們想辦法將就彌補。我們別無選擇，因為我們同在一條船上。家人就是這麼一回事。

　　丹尼爾的 NPR 故事後半段，闡述了待同事如家人會產生的問題：

　　NPR 的文化有很多優點，也很適用於他們。但一陣子以後，我漸漸看出職場家庭化的問題。我的團隊有一名軟體工程師派翠克，雖然很資深，卻沒有能力把份內事情做好。他總是需要額外的時間才能完成工作，成果也常有重大的漏洞或錯誤。其他工程師有時還要被迫支援他，我們才能在期限內完成工作。

　　派翠克的態度很好，問題因此更棘手。他很想把事情做好，也很想證明他能獨立作業。我們都很希望他成功，所以會挑一些在他能力範圍內的工作給他。但他的工作水準跟不上同事。其他人我不必擔心，但每天我都得擔心他。他是個好人，但表現並不到位。

　　派翠克占用我太多時間，也讓團隊花太多時間在修正他的錯誤，問題愈來愈嚴重。團隊裡最優秀的工程師常覺得很沮喪，也很希望我能介入。我很擔心他們遲早會氣到跳槽去其他地方。

　　我看得出要是少了派翠克，即使不找人替代他，團隊效率也會改善很多。

　　我向我的主管反映這件事，他建議我找找看其他類型的任務，能善用派翠克的優點，也讓其他同事不受他的缺點所累。讓派翠克走人根本不在討論之內。我們沒有理由，他沒做錯什麼事。公司太強調一家親，只能給出這種回答：「他畢竟是我們的一份子，我們同在一條船上，配合他想辦法吧。」

不是家人，是隊友

　　Netflix 早期，高階主管也曾試過把公司培育成家庭般的環境。但 2001 年的裁員風波過後，我們看到員工績效大幅提升，才意識到高人才密度的職場不應該用家庭來形容。

　　我們希望員工盡責、互相交流，感覺自己是群體的一份子，但我們不希望大家把工作視為終生的契約。工作，應該是你在某一段特別的時間裡，你是這份工作最理想的人選，這份工作也是最適合你的位置，所以你選擇來到這裡。一旦你停止學習，或表現不再優異，就該把位置交給更合適的人，往下一個更適合你的角色邁進。

　　但如果 Netflix 不是大家庭，那我們是什麼？各謀己利的一群人嗎？這絕不是我們樂見的結果。我們討論了很久，派蒂後來建議我們把 Netflix 看成一支職業球隊。

　　乍聽之下道理並不深奧。把公司比喻成球隊，就和比喻成家庭一樣老套。但派蒂繼續解釋，我開始明白她的意思：

> 我剛陪我家孩子看完《百萬金臂》（*Bull Durham*），描述一支職業棒球隊的故事。球員之間感情很好，關係很緊密，互相支持，一起慶祝，互相安慰，而且對彼此的球風瞭若指掌，不必交談就能配合，但他們不是一家人。教練每個賽季都會交易球員，買賣球員，確保隊內每個位置都是最好的人選。

　　派蒂是對的。今日在 Netflix，我希望每個高階主管都把手下部門當作頂尖職業球隊經營，努力創造高度投入、高凝聚力、感情好的團隊，同時要持續做出困難決定，確保每個位置都分配到最好的人選。

　　用職業球隊來比喻高人才密度的職場十分恰當，因為職業球隊的運動員：

- 追求卓越，仰賴教練（主管）確保隊內每個位置隨時都是最佳人選。
- 為了求勝，期待持續收到教練和隊友的誠實回饋，了解還可以如何改進。
- 知道努力還不夠，就算投入 A 級的努力，但若只拿出 B 級的表現，球隊會感謝他的付出，然後有禮貌地把他換下場，換上其他球員。

　　高績效團隊裡有良好的合作和信任，是因為所有成員不只精於所長，也很擅於與他人共事。一個人要能被視為優秀球

員，不能只是在比賽中表現突出，還必須把團隊放在個人的自尊心前面。她要知道何時應該傳球、如何協助隊友發揮所長，同時也知道只有全隊一起贏才是勝利。這正是我們期望 Netflix 建立的那種文化。因此我們在 Netflix 開始說：

我們是一個團隊，不是一家人

我們如果想成為冠軍隊伍，就會希望每個位置都要盡可能是最佳球員。傳統觀念認為員工唯有犯錯或行為失當才會丟掉工作，但在職業球隊或奧運代表隊，選手都知道教練的角色是負責升級，必要時必須汰舊換新，讓隊伍從好晉級到最好。每一場比賽，隊員都要力求表現，以保住自己在團隊裡的地位。對於重視工作安定多過於贏得冠軍的人，Netflix 不是個好選擇，我們會盡量事先說明，而且不會評判他人的選擇。但對於想待在冠軍球隊的人，Netflix 文化能提供充分的機會。我們和所有成功晉升頂級聯賽的球隊一樣，球員之間締結了深厚的情誼，也真正關心彼此。

留任測試（The Keeper Test）

....

當然，Netflix 的主管和所有善良的人一樣，希望對自己做的事有正面觀感，如果要他們解雇自己喜愛且敬重的人而不會難受，必須讓他們渴望幫助公司，並且認知到，當每個位置都是最佳球員，每個人都會比較快樂，也比較有成就。所以我們會問主管：如果你讓山謬走，找來更有效率的人，公司會不會

比較好？如果答案是「會」，那就表示該找新球員了。

我們也鼓勵所有主管定期思考，確認每個位置都是最佳人選。為了協助主管判斷，我們會介紹留任測試：

假如你團隊裡的某個人明天就要辭職，你會說服他改變心意嗎？還是你會接受辭呈，心裡還多少鬆了口氣？如果是後者，你現在就該準備好資遣費，然後開始尋找最佳人選，一個你會極力留住的人。

我們盡可能用留任測試評估每個人，包括我們自己。如果由別人代替我的職務，公司會不會更好？我們的目標是讓離開Netflix的員工不用感到難堪。想想奧運代表隊，例如冰上曲棍球隊，被球隊剔除一定很令人失望，但這名球員仍會因為擁有入選代表隊的膽識和能力而受人欽佩。我們希望辭退Netflix員工時也是如此，我們依然友好，不用感到歉疚。

派蒂就是一個例子。我們共事十多年後，我漸漸覺得由新的人來擔當她的角色，對我們來說可能最好。我與派蒂分享這些想法，也談到我會這麼想的原因。結果她其實也想減少工作量，所以她離開Netflix，過程始終友好。七年過去，我們依舊是親近的朋友，也是彼此非正式的顧問。

另一個例子，萊絲莉（Leslie Kilgore）擔任行銷長一直是我們很重要的大將，對我們建立企業文化、對抗百視達，以及公司成長都扮演關鍵要角。她從前是、現在也是非常傑出的企業家。但《紙牌屋》發行以後，行銷重心轉向影片宣傳，而非價格競標，我知道我們需要對好萊塢片場有深厚經驗的人，部分也是為了彌補我對娛樂圈的認識不足。因此我放走了萊絲莉，但她願意留在董事會，因此後來成為我的頂頭上司，多年

來一直是優秀的企業董事。

　　所以，留任測試是玩真的，公司各級主管都貫徹實行。我對我的上司說、也就是董事會，我也不該有特殊待遇，不必等我失敗才把我換掉，只要發現有比我更有績效的執行長人選，他們就應該撤換我。當我每一季都必須用表現保住自己的職位，我的動力會更強，也會努力進步以求維持領先。

　　在 Netflix，你可能無比認真，付出最大努力，貢獻了所有能力，希望幫助公司成功，產出好的成果，某一天走進公司卻發現，砰⋯⋯你失業了。不是因為無可奈何的財務危機，或是無法預見的大規模裁員，只是因為你交出的成績不如主管預期。你的表現只有剛好及格。

　　我們在最前面看過 Netflix 文化簡報最具爭議的幾張投影片，內容闡述了里德的企業觀：

> # 如同每一家公司
> # 我們想找優秀人才
>
> NETFLIX

> **不同於許多公司**
> **我們奉行：**
>
> **表現平庸的員工**
> **會領到優厚的資遣費**
>
> NETFLIX

> 某些人應該立刻拿資遣費走人
> 我們才能開出空缺，找到適任的人才
>
> **主管運用的「留任測試」：**
>
> 我手下有哪幾個人
> 萬一向我遞辭呈
> 想跳槽同業
> 我會極力挽留？
>
> NETFLIX

　　這幾張投影片提出的問題很困難。為了讓里德回答這些問題，本章接下來會以 Q&A 的形式呈現：

問題 1：表現不夠優秀就走人，會不會太冷血？

　　據前產品長尼爾‧亨特說，「我們是團隊，不是一家人」的理念早期在 Netflix 引起不少爭議。他記得：

2002 年，里德在半月灣召開主管會議，他在會議中強調，我們必須繼續推行他和派蒂在預備裁員期間採用的嚴格篩選標準。我們必須定期自問，哪位員工已經不是該職位的最佳人選，如果他收到回饋後仍無法成為「最佳人選」，我們就要有勇氣辭退他。

我聽了很震驚。我向在場同事講述企鵝和大象的差別。企鵝會拋棄群體中虛弱或掙扎求生的個體，大象則是會圍住虛弱個體，照顧他們直到恢復健康。「你的意思是說，我們應該選擇當企鵝嗎？」我問。

里德，你不擔心 Netflix 變成尼爾故事中麻木不仁的企鵝嗎？失去工作是很嚴重的事。失業會影響一個人的財務、名聲、家庭和職涯發展。有的人還在等移民身分申請通過，甚至可能因為失業被遣送出境。當然，你很富有，所以失去這份薪水也沒什麼關係，但你的員工很多不是這樣。

甚至，解雇盡了最大努力只是未能交出漂亮成績的員工，合乎道德嗎？

回答：

我們付給員工業界最高薪資，所以他們的薪水是很好的，只要他們依然是那個位置的最佳球員，就能繼續留在團隊，這也是契約協議的一部分。他們都知道公司的需求變化很快，也知道我們期待優異表現。所以，選擇加入 Netflix 團隊的每一名員工，也等於認同我們追求高人才密度的做法。我們的策略向

來公開透明，很多員工很慶幸周遭全都是高水準的同事，反過來也樂於為此承擔一些職業風險。有的人或許偏好長久安穩的工作，他們可以選擇不要加入 Netflix。所以說，是的，我相信我們的做法合乎道德，在大多數員工之間也很受歡迎。

話雖如此，因為我們的績效門檻很高，如果要請人離開，應該給他們足夠的錢展開下一段生涯規劃，這樣才公平。我們給予解雇的每一名員工很優厚的資遣費——足以照顧自己和家人直到找到下一份工作。我們每次解雇員工，資遣費都會是數個月的薪水（從一般獨立工作者的四個月薪水，到副總裁的九個月薪水不等）。因此我們才說：**表現平庸的員工，會領到優厚的資遣費。**

在某些人聽來，這種做法代價太昂貴了。如果不是因為我們廢除了不必要的流程，代價可能真的很高昂。

在美國許多公司，主管決定解雇某人時，公司會要求主管啟動「績效改善計畫」（Performance Improvement Plan，PIP）的程序。主管必須每週記錄與該名員工的對談，持續幾個月以上，以白紙黑字證明該名員工雖然得到回饋，表現仍未達期望。PIP 很少能真正幫助員工改進，只是把解雇時程又往後拖延幾個星期。

大家會採用 PIP 有兩個原因。一是保護員工，不會在沒得到建設性回饋之前，就失去工作。但 Netflix 有誠實文化，大家每天都會收到大量回饋。任何員工被解雇以前，應該都已經很清楚、而且經常聽到他可以如何改進。

二是為了保護公司免於訴訟。我們會告訴員工，要得到公司給予的優厚資遣費，需要先簽不會對公司提告的同意書。幾

乎所有人都能接受。他們會拿到一大筆錢,可以專心發展職涯的下一步。

　　PIP成本當然也很昂貴。對某個人進行四個月的PIP計畫,等於這四個月你還是得付薪水給一個績效不佳的員工,一線主管和人資同事還要花數不清的時間執行及記錄對話流程。與其把錢投入冗長的PIP流程,不如提前發給員工一大筆優厚的資遣費,告訴他,你很遺憾合作不盡人意,祝福他下一段旅程會更好。

問題2:首重績效,如何避免惡性內部競爭?

電影《飢餓遊戲》(*The Hunger Games*)有一個場景,珍妮佛,勞倫斯(Jennifer Lawrence)飾演的主角凱妮絲身穿迷彩服,站在小平台上觀察她的對手。二十四名十二到十八歲的青少年獲選參加電視台舉行的生存競賽,只有一名選手能夠勝出,其他人都會死。想活下來,就得殺掉對手。

　　我在Netflix展開採訪時,以為辦公室裡的氣氛會很像《飢餓遊戲》。所有職業球員都知道,有人獲勝,一定有人落敗:你必須透過競爭保住地位。

　　我也曾讀過別家公司實施聽起來很類似的做法,例如微軟,但大家普遍認為他們的做法在內部激起有害的競爭。例如,在2012年以前,微軟要求主管依照績效將員工由上至下排名,並鼓勵主管解雇名次墊底的員工。

　　在《浮華世界》一篇名為〈微軟失落的十年〉(Microsoft's Lost Decade)的報導中,記者艾亨瓦德(Kurt Eichenwald)引

述前員工的話：

> 假設你在一個十人團隊，第一天踏進公司你就知道，不
> 論每個人再優秀，屆時一定會有兩個人拿到良好的評等，
> 七個人拿到普通，剩下一個人拿到最差的評語。這會讓
> 員工把心思都放在與彼此競爭，而不是與其他公司競爭。

報導中另一名微軟工程師也說：

> 大家會公然妨害別人的努力。我學到最重要的一件事是，
> 表面對同事彬彬有禮，私下要對同事隱瞞一定程度的資
> 訊，以確保同事的名次不會超越我。

宣稱彼此是隊友不是家人的 Netflix，為什麼能有所不同？
我預期會看到 Netflix 員工互相爭鬥，以保住自己的團隊地位。
但事實是，我在訪談過程完全沒聽說這樣的事。

**里德，在 Netflix 團隊爭取到一席之地不容易，保有這一席
之地更難，你是如何消除內部競爭的？**

回答：

對於追求提升人才密度的企業來說，不小心激
起內部的競爭，確實是煩惱。很多公司採用特
定的程序和規定，鼓勵主管開除表現平庸的員
工，卻反而創造出會激起內部鬥爭的系統。最
不好的方法就是所謂的「強制分級評等」（stack ranking），

也稱為「活力曲線」（vitality curve），或者更口語一點又叫「排名與解雇」（rank-and-yank）。

艾琳前文引用的《浮華世界》報導，描述的就是一種強制分級評等。奇異公司和高盛集團也試行過強制分級評等，希望提升人才密度。傑克・威爾許（Jack Welch）可能是第一位採用此方法的執行長，很多人都知道他鼓勵奇異的主管每年替員工排名，然後解雇墊底的一成員工，以維持高績效水準。

2015 年，《紐約時報》報導，如同 2012 年的微軟，奇異也決定中止這個評量方法。一如預期，這種強制排名不利於團隊合作，也會澆熄高績效團隊合作原有的正能量。

我們鼓勵主管定期使用留任測試。但我們很小心，不建立任何解雇名額或排名制度。我們極力避免強制排名或「每年一定要解雇多少比例員工」。更重要的問題是，上述這些方法讓主管解雇平庸員工，卻也同時扼殺了團隊合作。我希望我們的高績效員工是與 Netflix 的對手競爭，而不是與自己人競爭。強制排名之下，人才密度也許會提升，團隊合作精神卻會因此減損。

幸好，我們不需要在高人才密度和互助合作之間二選一。留任測試可以兩者一起達成。因為我們和職業球隊有一個關鍵差異，Netflix 團隊的人才空缺沒有限額，我們玩的不是遵守規則的運動，沒有規定出賽人數，一個人勝出，不代表另一個人就要被淘汰。恰恰相反，我們的團隊中人才愈多，可以成就的事就愈多；成就愈多，成長也愈多；成長愈多，我們又能新增更多職缺；職缺愈多，愈有空間接受高績效的人才。

問題 3：留任測試讓員工活在恐懼之中？

2018 年 11 月的《週刊》雜誌（*The Week*）的報導〈Netflix 的恐懼文化〉（Netflix's Culture of Fear），內文引述科技網站 Gizmodo 作者瓊斯（Rhett Jones）的話，他點名 Netflix 施行「殘酷的誠實、只有圈內人懂的行話，以及無盡的恐懼」。不到一個月前，記者拉馬尚德蘭（Shalini Ramachandran）和佛林特（Joe Flint），根據對 Netflix 員工的採訪，也在《華爾街日報》的文章中寫道：「春末，我們與 Netflix 公關部門的主管見面，其中有人說，他每天去上班都害怕會被解雇。」

我也在訪談中發現，有一些 Netflix 員工很坦然地說到自己經常害怕工作不保。其中一位是瑪莎‧孟克‧德艾巴（Marta Munk de Alba），阿姆斯特丹分部的招募專員。她本身是有證照的心理諮商師，2016 年從西班牙搬到荷蘭，加入 Netflix 的人資團隊。以下是她的故事：

> 剛來的前幾個月，我很恐懼，很怕同事發現我不夠資格留在他們的夢幻團隊，我會因此失去工作。看到同事都那麼優秀，我忍不住會想：「我真的屬於這裡嗎？他們什麼時候會發現我是冒牌貨？」每天早上八點，我走進電梯按下關門鈕，就像觸發了焦慮的開關。空氣在我的胸口凝結。我很確定，等電梯門一打開，主管一定就在門外等著開除我。
>
> 我覺得萬一失去這份工作，也等於失去人生中最重要的一次機會。所以我瘋了似地工作，每天忙到深夜，

從來不曾這麼賣力鞭策自己，但恐懼還是如影隨形。

德瑞克現在是 Netflix 部門主管，也提供另一個例子：

來到 Netflix 第一年，我每天都想會不會被開除。搬來九個月，帶來的箱子我都沒拆封，因為我深信一拆開箱子，主管當天就會叫我走人。不只是我有這種想法。同事們也一天到晚在聊留任測試。共乘計程車或吃午餐時，大家的頭號話題永遠和失業有關──誰最近被開除、我們認為誰會被開除、我們自己會不會被開除。直到主管升我成為部門主管，我才明白先前的恐懼有多不必要。

留任測試很明顯能提高人才密度，但也會帶來焦慮。對於是否擔心被團隊開除，員工回答的心情從「稍微擔心」到「經常害怕」都有。

里德，你用什麼方法來緩和 Netflix 的恐懼文化？

回答：

划激流獨木舟時，教練會教你要看著清澈安全的水面，別緊盯著想閃避的危險漩渦。專家發現，愈是盯著死命想閃躲的地方，愈有可能往那裡划過去。我們也對員工說，最好的方法是把心思放在學習、合作和成就上。一個人如果全副心力都只想著被開除的風險（就好像運動員一直擔心會受傷），就很難有放鬆、自信的表現，反而會陷入原本想避免的麻煩。

反向留任測試

我們在 Netflix 採取兩個步驟把公司內部的恐懼降到最低。

第一步，任何員工只要有瑪莎和德瑞克所述的那種焦慮感，公司會鼓勵他盡快使用我們所謂的「反向留任測試」，情況幾乎都能有效改善。

下一次和主管單獨面談時，你可以問主管以下問題：**「如果我考慮離職，你會多努力說服我改變心意？」**

聽到主管的答案，你就能馬上清楚知道自己目前的定位。克里斯・凱利（Chris Carey）是 Netflix 矽谷總部的高級軟體工程師，他也是定期會問這個問題的眾多員工之一：

> 問你的主管反向留任測試問題，有三種可能結果。第一種，你的主管可能會說他拼了命也要留住你。若是這樣，你對自己績效表現的疑慮會立刻消失，這樣再好不過。
>
> 第二種，主管的答案可能有所保留，同時清楚建議你如何可以改進。這也很好，因為你會知道怎麼做能更勝任現在的角色。
>
> 第三種，主管如果沒有努力挽留你，這樣問可能反而讓主管注意到你工作上的缺點，有點自掘墳墓的感覺，但還是有好處，因為能刺激雙方明白直說，討論現職是否符合你的專業，你也可以稍微有點心理準備，哪天真不幸丟了工作也不至於晴天霹靂。

克里斯加入 Netflix 後，決定每年十一月都要進行反向留任測試，確保他永遠不會突然遭受打擊。

我是軟體工程師。每天有 95% 的時間在寫程式，我非常快樂。到 Netflix 一年，我很高興能把精力花在寫程式。我問我的主管：「保羅，我如果要離職，你會努力挽留我嗎？」他痛快回答當然會。我聽了也很開心。

後來我接手一個企劃，也是程式相關的工作，不過這次 Netflix 內部已經有同事在使用我開發的工具了。保羅好幾次建議我，應該與內部的使用者召開焦點小組訪談。但我有點社交焦慮，所以始終沒找人開會，只選擇用直覺判斷如何改進產品。

又到了十一月。我再次問保羅反向留任測試問題。這次他的回答不如之前明朗：「現階段我不知道會不會努力挽留你。之前的工作，你遊刃有餘。但現在這個角色需要你多與其他人互動。想保住現在的職務，你要能主持焦點小組會議、發表簡報。這會逼你走出舒適圈，而我不知道你能不能勝任。」

我決定冒險，我很努力準備。我報名線上簡報課程，每天在鄰居面前練習。第一次簡報那天，我清晨六點起床，騎了四小時腳踏車，回家沖澡，再直接走進會議室準備上午十一點的發表。做這些事的目的是讓我沒有時間焦慮緊張。至於焦點小組會議，我也嘗試其他方法，例如在討論前先播放影片，減少我發言的時間。

那時候才五月，但我已經又把留任測試排進下次議

程了。我需要知道，我有沒有失去工作的危險。「你會努力挽留我嗎？」我問保羅。

　　保羅直視著我的眼睛說：「這份工作，你有九成的部分表現出眾。你懂得創新、仔細，而且很認真。剩下的一成，你能夠聽取回饋，現在也做得不錯了。你可以繼續敦促自己多與內部的使用者互動，但你現在的工作表現已經很有水準。如果你說要離職，我會非常努力挽留你。」

　　克里斯問了三次同樣的問題，每次都得到了重要資訊。第一次的答案令人開心，但沒有太多附加價值。第二次壓力最大，但給了他明確的行動方針。第三次則向克里斯證明了他的努力有所回報。

　　我們用來減緩失業恐懼的第二個方法，是「離職後的問答時間」。

同事離職後的問答時間

　　團隊裡的同事有一天忽然不再出現，沒有任何說明為什麼有這個決定，也不知道當事人事前有沒有被預告，沒有比這更令人不安的感覺了。一般人得知同事被公司開除，最擔心的多半是那個人事先有沒有收到建議，最終宣判是不是無預警地忽然降臨？

　　我們東京分部的內容專員世佳（Yoka，譯名）講述了下面

的故事。她的經驗特別有說服力，因為日本公司傳統是終身雇用制。直至今天的日本，員工被開除仍然算少見。我們很多日本當地員工之前都沒有見過同事失去工作的經驗：

> 我最要好的同事愛佳（Aika，譯名），在主管阿春（Haru，譯名）手下工作，阿春實在不是個好上司。愛佳和整個團隊飽受阿春的管理方式所苦。我很希望情況有所改變，但當阿春真的失去工作，我自己的反應卻令我意外。
>
> 　那天早上，因為是一月，路上積雪，我比平常晚了一點進公司。愛佳跑到我的座位來，漲紅了臉頰。「你聽說了嗎？」阿春的主管吉姆專程從加州飛來，一大早就找阿春面談，其他人都還沒進公司。等愛佳來上班的時候，阿春已經被解雇了，正在收拾東西，準備向大家道別。現在阿春真的走了，我們再也不會看到他了。我突然掉下眼淚。我和他並不熟，但我忍不住想：「會不會我哪一天來上班，也有人會開除我？」我很想知道阿春事前有沒有收到過建議？如果有，上頭說了些什麼？他有預料到這件事嗎？

　當你做了困難的決定之後，最好的應對方式就是開誠布公說明情況，讓所有人都能坦然調適心情。當你選擇誠實說明事件始末，你的透明與坦率能洗去群體的恐懼。我們繼續聽世佳的故事：

> 　我聽到消息，上午十點阿春的團隊被找去參加會議，任

何與阿春共事過或心有疑慮的人也都可以出席。大約來了二十個人，大家圍著大圓桌坐下。所有人都很安靜。吉姆詳列出阿春的強項和缺點，接著解釋為什麼他覺得阿春已經不是該職位的最佳人選。我們沉默了一會兒。吉姆問在場者有沒有疑問，我舉起手。我問阿春事前得到了多少建議，對於被解雇是否感到驚訝。吉姆簡要描述了他和阿春這幾週的談話。他說阿春很懊惱，而且雖然事先已經給他很多回饋建議，他還是有點驚訝。

獲知資訊幫助我冷靜下來，也比較能控制自己的情緒。我打給人在加州的主管跟她說，就算只是一個念頭閃過，只要她有想過可能必須請我離開，我希望她能明白告訴我。如果真的要請我走人，希望她先告訴我，不會讓我當場嚇傻。

吉姆安排的這種會議，有助於當事人的同事消化整件事，他們心中的疑慮也能得到解答。

流動率並沒有比較高

大多數企業都會盡量減低員工流動率。找人和訓練新人很花錢，所以傳統觀念認為留住現有團隊成員比找新人便宜。但里德不太在意流動率，他認為人員汰換的成本，不如確保每個位置都是最佳人選來得重要。

所以，談了那麼多，Netflix 每年到底解雇多少員工？

美國人力資源管理協會的「人力資本基準報告」指出，過去幾年，美國企業年平均人員流動率約為：自願流動 12%（自願選擇離職者），非自願流動 6%（被公司解雇者），加總年平均流動率是 18%。科技公司的總年平均流動率較接近 13%，媒體／娛樂產業則為 11%。

同樣的統計時間內，Netflix 的自願流動率穩定維持在 3% 到 4%（比平均的 12% 低很多，表示主動離開的人不多），非自願流動率則是 8%（代表比起平均的 6%，Netflix 開除的人多了 2%），總計年平均流動率為 11% 到 12%，與產業的平均值差不多。看來 Netflix 主管不會努力挽留的人，其實並沒有那麼多。

我們的經驗 7

留任測試幫助 Netflix 把人才密度拉高到在其他企業少見的程度。如果每一位主管都能定期謹慎評估團隊中的每名員工是不是該職位的最佳人選，並且確實換掉不適任者，公司全體的績效就能攀升至新高。

‖　重點回顧

- 鼓勵主管看重維持高績效，引導他們運用留任測試：「團隊裡某人如果要辭職、跳槽到同業，我會極力挽留嗎？」
- 避免強制排名制度，會引起內部競爭且有礙團隊合作。
- 將高績效文化比喻職業球隊，比家庭更合適。訓練主管在團隊創造強烈的向心力、凝聚力和同事情誼，同時持續做出困難決定，確保每個位置上都是最佳人選。
- 確定要解雇某人時，與其執行羞辱人又昂貴的 PIP 績效改善計畫，不如把錢化為豐厚的資遣費，直接給予被解雇的員工。
- 高績效文化的負面影響，是員工可能會恐懼工作隨時不保。為減低恐懼，鼓勵員工進行「反向留任測試」，問主管：「假如我有意離開，你會多努力說服我改變心意？」
- 解雇某名員工以後，向其他同事說明始末，並誠實回答他們的疑問。這麼做能減低員工害怕自己也被解雇的恐懼，增加員工對公司及主管的信任。

邁向 F&R 文化

Freedom + Responsibility

你開始實施留任測試了。恭喜！你現在擁有發展成熟的高績效人力，競爭對手都很羨慕。在這樣的高人才密度下，你的公司一定會成長，也會有新人加入團隊，你必須協助新人適應你們的風格。Netflix 在成長時發現，要維持高度誠實尤其困難，但誠實是我們能成功的重要基礎。誠實好比看牙醫，很多人會想盡辦法逃避。

下一章，我們會介紹兩個簡單的策略，能幫助你的公司繼續保持高度誠實。

第八步，誠實敢言最大化......

8

建立回饋循環

Netflix 有一條準則，如果嚴格實行，會使每個人不是完全誠實，就是徹底沉默，那就是：「**只說你敢當面對那個人說的話。**」我們愈少在背後議論別人，會妨礙效率且引起負面感受的八卦就會減少，也愈能夠擺脫俗稱「辦公室政治」的爾虞我詐。我在 Netflix 的時候，盡力配合他們的文化準則。但這一條原則做起來比想像中困難很多。

我在矽谷總部進行採訪。公關經理巴特簡要介紹過後，大多數受訪者都有源源不絕的故事和觀點想分享。只有海蒂例外。我抵達時，她在座位前和兩個同事聊天，看到我就把頭別開，一副沒料到我會來的樣子，我只好想辦法吸引她的注意力。她的態度已經不只是冷淡，甚至可以說帶有敵意，全程都只用一兩個字回答我的問題。我只好草草結束訪談。

我和巴特趁著一起等電梯，交換了剛才訪談的感想。我向

他抱怨：「完全沒用。她很明顯毫無準備，而且不想跟我講話。」話說到一半，我的眼角餘光瞥見海蒂從旁邊走廊經過，距離我們不到五英尺。我不確定她有沒有聽到我說的話，但我腦中已經閃現一串跑馬燈：「只說你敢當面對那個人說的話。」事實證明，Netflix 這條準則比想像中難做到。大多數人的日常對話總有大半是在議論別人，很顯然我也一樣。

我問巴特，正確的「Netflix 反應」應該怎麼做。我總不能在結束訪談時對海蒂說：「謝謝你撥出這八分鐘時間給我，但你很顯然毫無準備，而且好像覺得很煩。」

巴特看我的眼神就好像我是一隻想假扮成鴨子的鵝：「你又不在 Netflix 工作，而且你只會對海蒂進行這一次採訪，所以你就算提出回饋建議也沒幫助。如果你是 Netflix 員工，之後還會再和她面談，那你就要在下次採訪前給她回饋意見，做法可能是把回饋面談排進她的行事曆裡。」巴特接著表現出誰才是真正的鴨子：「我未來還需要她接受其他作者採訪，我會把這些意見告訴她。」

但不是每個 Netflix 員工都像巴特一樣，可以自在地提出回饋意見。

誠實就像看牙醫

宣稱公司重視誠實是一回事。要在企業成長、新人加入、人際關係更複雜的時候維持誠實，更是考驗領導者。我和一位部門主管進行一對

一面談時，明確注意到這個問題。他來Netflix快滿一年，他說：
「我錄取時，大家都說我以後會收到一大堆回饋。但我進公司
好一陣子了，卻什麼也沒收到。」

我固定去看牙醫時，還在煩惱這件事。牙醫戳了戳我一顆
臼齒。「里德，你要更常來檢查才行。你的後排牙齒有好幾個
沒刷到的死角。」

誠實文化其實就像看牙醫。即使你鼓勵大家天天刷牙，有
些人也不會刷。真的天天刷的人，也可能會漏掉難刷的地方。
我無法保證我們所鼓勵的誠實文化真的天天上演，但我能確保
公司有定期檢查的機制，好讓多數重要的回饋能傳達出去。
2005年，我們開始專心尋找員工可仰賴的工具，專用於收集日
常職場對話中不容易自然說出口的誠實回饋。

最顯而易見的選擇就是年度績效評量。近年來，有愈來愈
多企業不再使用年度績效評量，但2005年時，幾乎每家公司
都使用績效評量。這個制度下，主管會逐一寫下員工的優缺
點，搭配整體績效評分，然後進行一對一面談討論結果。

我們從一開始就反對績效評量。第一個問題出在它只有上
對下的單向回饋。第二個問題在於，透過績效評量，你只會得
到一個人的回饋，也就是你的上司，和我們提倡「不必討好上
司」的氛圍正好牴觸。我希望大家不只收到直屬主管的回饋，
還能聽到任何有意見者的建議。第三個問題則是，許多公司通
常會依照年度目標來進行績效評量。但Netflix員工和主管並
沒有制定年度目標或KPI。同樣地，很多公司用績效評量來決
定加薪幅度，但Netflix參考的是市場薪資，而不是績效表現。

我們想找的機制，要能夠鼓勵所有人對任何同事提出他們

覺得有必要的建言，能夠反映我們努力培養的高度誠實和透明，而且與我們的自由與責任文化方向一致。經過反覆實驗，我們現在有兩個常用的方法。

署名的 360 度評量

我們第一次用年度 360 度評量時，做法和其他人一樣。每名員工可以請幾個人給自己回饋，這些人匿名填寫評量，針對一連串分類以一到五分對該名員工評分，並留下建議。建議部分，我們採用**「開始、停止、繼續（做某件事）」**的格式，確保大家不只是互相加油打氣，還能給予對方具體可行的建議。

有鑑於公司的誠實文化，有些主管團隊覺得沒必要匿名，但我認為提供匿名選項很重要。正是因為公司有誠實文化，如果有人那一年選擇不公開姓名給同事建言，肯定有他的理由，也許他擔心招來報復。我自認提供匿名選項是比較安全的方式，可以讓大家比較安心留言。

但 360 度評量首次進行就發生好笑的事，我們的文化占了上風。有一大票人，包括萊絲莉在內，覺得留言不署名反而令人不自在。「總覺得像在開倒車，我們整年都呼籲員工要直接給予彼此回饋，到了 360 度評量時間卻假裝留言的出處不詳，」萊絲莉解釋說，「我寫的每一件事，其實早就都跟他們說過了。我只是秉持公司氛圍下最自然的做法。我寫下回饋意見，然後簽上大名。」

我登入系統要留回饋給其他人時，意識到我可以暢所欲

言，沒有人看得出是我的留言，忽然也覺得不太自在。總有一種偷偷摸摸、不誠實的感覺，違背了我努力建立的文化。

收到那一年全部的 360 度評量報告之後，我開始讀員工給我的評語，匿名帶來的不適感又更大了。大家或許是擔心評語如果太明確、太具體，我會認出是誰寫的，所以紛紛拐彎抹角掩飾他們的觀察。有些留言甚至含糊到我幾乎看不懂：

> 停止：對特定議題發表立場互相衝突的訊息。
> 停止：否決自己不喜歡的提案時，完全不顧他人的感受。

我根本不曉得他們指的是哪件事。這樣的建言無法實際執行，對我怎麼有幫助呢？我也不知道是誰留的言，所以也無法進一步請求說明。而且匿名性也促使少部分人用挖苦或嘲諷的方式抒發怨氣，對誰都沒有幫助。有一位主管給我看她收到的評語：「你比屹耳還缺乏熱情。」就是《小熊維尼之家》（*The House at Pooh Corner*）當中那隻總是悲觀沮喪的驢子。這樣的評語又有什麼助益呢？

萊絲莉的態度占了上風。Netflix 第二次進行 360 度評量時，多數員工主動選擇署名。這也表示少數保持匿名的人很容易認出來。「你請七個人給你建議，其中五人寫了名字，自然很容易猜出剩下兩個分別是誰的留言。」萊絲莉回憶說。

到了第三次評量，所有人都選擇署名。「感覺好多了，」萊絲莉高呼，「大家會走向留言者的座位旁，就地討論起來。

最後這些討論比 360 度評量報告內寫的任何內容都有價值。」

萊絲莉、里德和高階主管團隊親眼看到,回饋不再匿名以後,大家的誠實也未見減少。萊絲莉覺得這是因為「Netflix 已經投入這麼多的時間,建立誠實敢言的文化。」很多人也認為回饋的品質變高了,因為大家知道這些評語也會被視為工作表現的一部分。

底下是里德在最近一輪 360 度評量收到的評語。基本上和他 2005 年收到的是相同的抱怨,只是這一次,對方提出具體事例而且留下名字,這讓他的建議不只明確而且可行:

> 你在支持特定立場時,有時候會過度自信,甚至流露不屑,輕視不同看法。上次你主張將負責南韓業務的新加坡分部員工調到日本去,也給我這樣的感覺。你拋出問題且不怕做出激進的改變,這點非常寶貴,但還在評估的過程中,你似乎已經拿定主意,只歡迎特定結果,對反方論點不屑一顧。──歐佛

我還清楚記得歐佛所指的那段談話,代表我未來遇到類似情境也能順應調整。最重要的是,知道是誰留的評語,我就可以進一步找歐佛聊聊,獲取更多資訊。我們現在每年進行 360 度評量,並請每個人為留言署名。我們不再要求員工互相以一到五評分,因為我們的評量流程與加薪、升等或開除沒有半點關聯。評量目的是要幫助大家進步,不是要把人強制分類。另外一大改良是,現在每個人都能不限人數對公司各級同事提出回

饋——不再只限於直屬員工、直屬主管,或少數受邀留言的團隊同事。大家在 Netflix 多半至少會對十個同事提出回饋,但也有很多人會給予三、四十個人回饋。2018 年度的評量,我就收到七十一個人的評語。

最重要的是,開放式 360 度評量能激起寶貴的討論。我固定會把我收到的評語分享給我的直屬部下,他們也會向團隊分享他們收到的回饋,依序往下推。這不只能鞏固透明化的概念,也能建立「反向問責意識」,讓團隊因此受到鼓勵,敢於指出上司屢犯不改的不當行為。

泰德喜歡用他高空彈跳的故事來說明箇中好處:

1997 年,我還在鳳凰城,還沒進 Netflix。我參加一場企業活動,開完幾場會議之後,還有其他增進團隊感情的活動。餐廳後方的停車場有一個高空彈跳站。只要十五美元就能登上吊車做一次高空彈跳,大家都能看到你跳。都沒人去玩,但我決定挑戰看看。跳完以後,經營彈跳站的人問我:「要不要再跳一次?第二跳免費,我請你?」我聽了不禁好奇,問老闆:「為什麼你願意不收錢?」他回答:「因為我希望你的同事在餐廳看到,你居然覺得好玩到又玩了一次。只要看到沒那麼可怕,他們就會來試試看了。」

這正是為什麼領導者一定要向團隊分享你收到的評價,特別是真正能誠實指出你缺失的評語。這樣所有人才能藉此看到,給予及收到明確可行的回饋,其實沒那麼可怕。

今日，這已經是 Netflix 主管很習慣的事。內容副總裁賴瑞・泰茲（泰德鼓勵團隊接獵頭電話後，去 Facebook 面試的那一位）說了另一段故事，敘述他 2014 年剛進 Netflix 的頭幾個星期，泰德主持的一場令他很驚奇的會議：

> 過去五年，我是前迪士尼執行長艾斯納（Michael Eisner）的部屬。委婉地說，我們這些在艾斯納底下工作的人，並沒有直接給過他很多負面回饋。在我以前的公司，主管或許會對你有話實說，但很少聽說有反向的回饋。
>
> 　　我加入 T 團隊（泰德的團隊）後第二次開會，泰德先提醒我們十二個人，再過幾個月就要做 360 度評量了，我們都需要養成互相誠實給回饋的習慣。「就算你們沒有一起做事，」他說，「也要夠熟悉彼此，經常給對方誠實的評語。我們 R 團隊（里德的團隊）剛結束最近一輪的 360 度評量，我把我收到的回饋唸給你們聽。」
>
> 　　我一頭霧水。泰德在做什麼？我這輩子從來沒遇過哪個主管告訴我他的同事和老闆對他的評價。我當下認為他一定會挑好的說，我們只會聽到淨化過的版本。但他接著開始逐字逐句把里德、大衛、尼爾、強納森・佛里德蘭（Jonathan Friedland）和其他大老的評語讀出來。正面評語他唸得不多，雖然肯定還是有一些。他反而把批評指教詳細列出來，包括以下的評語：
>
> - 你不回我們團隊的電子郵件，會給人高高在上的感覺，而且令人挫折，雖然我知道這不是你的作

風，也不是你的本意。也許這是因為我們還需要
建立更多信任，但我需要你撥更多時間給我們、
也更常分享你的洞見，我的團隊才能與你的部門
配合得更好。

- 你和辛蒂之間老夫老妻般的那種針鋒相對，不是
高階主管對話的最佳典範。你們雙方應該多點傾
聽和理解。

- 別再迴避團隊內明顯的糾紛，否則膿瘡只會蔓延
到其他地方，引來更大的反彈。珍妮的暴怒和羅
伯在職位上的紛爭，早在一年前就已經種下種子
了。要是一年前就能正面公開調解會更好，也不
必讓其他人跟著受影響，打擊團隊士氣。

泰德唸起來一派輕鬆，彷彿那只是上超市採買食物
的清單。我心想：「哇，換作是我，能這麼有勇氣向下
屬分享我收到的評語嗎？

看來，賴瑞也做到了：「那次會議之後，我努力效法泰德，
也對團隊做相同的事，而且不只是 360 度評量時，只要有人對
我提出有建設性的意見，我隨時會和團隊分享。我也建議手下
主管做同樣的事。」

雖然 360 度文字評量建立起定期誠實回饋，很多人也會在
評量報告發布後互相討論回饋意見，但仍不能保證這些公開討
論一定會發生。假如，克莉絲安在 360 度文字評量對尚保羅提
出回饋，說他在客戶會議上嘀咕、私下講悄悄話的行為，會危
及他的業績表現，但尚保羅從來沒找克莉絲安討論，也沒向任

何人提起這個評語,那它只會化為祕密。里德實施的下一個步驟,應對的就是這個問題。

現場 360 度評量

 到了 2010 年,Netflix 版本的 360 評量已經推行得很穩定,成效也很好。但公司上下還推行了許多增加透明化的措施,所以我覺得我們可以更進一步。我做了一些實驗,看看先在我自己的主管團隊內提升透明度,能不能上行下效,把效果擴散到其他部門。我第一個嘗試,是與我的直屬部下進行一項活動。

我們來到溫徹斯特圓環 100 號的 Netflix 矽谷舊大樓裡一間小會議室,名為「火燒摩天樓」②,我們在那裡開會。萊絲莉和尼爾一組,坐到會議室的一角。泰德和派蒂另一組,依此類推。活動有點像快速約會,只不過我們是快速回饋。每一組有幾分鐘時間按照「開始、停止、繼續」的形式互相給予回饋,然後再往下輪,配成新的一組。最後,八個人重新圍成一圈,回報剛才獲得什麼資訊。分組部分很順利,但團體討論部分顯然才是整場會議最重要的環節。

所以第二次,我們直接跳到團體討論。第二次實驗我決定安排在晚餐場合進行,而且不安排其他事項,就不會覺得時間

---

② 譯註:取自 1974 年美國同名電影《火燒摩天樓》(The Towering Inferno),由保羅‧紐曼和史提夫‧麥昆主演。

太趕。我們在薩拉托加一間叫作「翼馬」（Plumed Horse）的餐廳會面，從公司開車到這座古雅的小村莊不遠。到了後，行道樹上掛著燈串，彷彿林間的螢火蟲，餐廳門面看似小巧，走進去卻豁然開朗，有開敞的圓頂空間，侍者帶我們走進安靜的預約包廂。

泰德自告奮勇當第一個。我們照圓桌輪流，每個人用開始、停止、繼續的方式給他回饋建議。當時在洛杉磯分部上班的員工不多，泰德是其中之一，他每週有一天會開車上來矽谷。每到星期三，就會看到他衝進辦公室，拚命想把三天份的討論塞進六個小時裡。大衛、派蒂和萊絲莉給泰德的回饋都說，他在公司的那天讓大家忙到人仰馬翻。「星期三下午你走了之後，就好像一艘噴射艇駛過之後，水面留下巨大的震盪餘波。」派蒂解釋說，「帶給全公司很大的壓力和騷動。」

這件事我原本也打算跟泰德說，但現在看來不用我說了。那次會議之後，泰德重新安排工作行程，每次來矽谷會待久一些，事先也會多透過電話交辦事務。泰德看到自己的行為對其他人造成打擾，公開談論這件事則讓他找到了更好的方法。

現場 360 度評量能有良好效益，是因為個人會因此意識到，該為自己行為對團隊的影響負起責任。鑑於我們賦予員工的自由，以及內部整體「不必討好上司」氛圍，這種共同的責任感會形成一張安全網。主管不必告訴部屬該怎麼做，部屬如果行為不負責任，很快會收到團隊給他的回饋。

下一個輪到派蒂。尼爾告訴她：「我們開會的時候，你的話太多了，我一個字也插不進去。你的熱情把空氣全抽乾了。」不過，因為我們圍著圓桌討論，萊絲莉立刻提出異議：

「尼爾的評語令我意外。我覺得派蒂是很好的聆聽者，而且總是會確保每個人發言時間均等。」

那天晚上結束前，每個人簡單統整並發表了主要獲得的重點。派蒂說：「與比較含蓄內斂的人開會時，像是尼爾，我會為了填補對方的安靜而變得比較多話。但和比較健談的人開會，例如萊絲莉，我就沒這個問題。我的團隊有許多偏向安靜的人，開會也不太發言。以後每次三十分鐘的會議，我會留下最後十分鐘讓其他人發言。假使沒人發言，我們就安靜坐著等待。」

我自己也很愛說話。我沒想過有些人會感覺派蒂占據了發言空間。在此之前，我不會想到要給她這樣的建議，因為這不是和她互動給我的感受。這更加證明為什麼收到他人的回饋很重要，不只是主管的評語，也包括團隊同事的評語。現場評量幫助我以及團隊中每一個人，從沒有想過的面向理解團隊內的緊繃。我看出這頓晚飯使我們所有人更加明白，人際互動會影響群體的效率，從而能一起想辦法改善合作關係。

沒多久，我的很多部屬也開始對自己的團隊進行同樣活動，最後更演變成公司上下常見的活動，但這不是強制的。所以你也可能遇到某個 Netflix 員工，從來沒經歷過現場 360 度評量。不過，我們的主管發現這個方法極有價值，今日絕大多數團隊每年至少會進行一次類似的活動，到現在，我們對流程已有充分的理解，其實不難施行，只要你設定好條件，並且找一個能力夠強的人主持。如果你也想試試看現場 360 度評量，這裡分享幾個小訣竅：

時間和地點：現場 360 度評量會需要好幾個小時。建

議可選晚餐場合（或至少包含一次用餐），而且人數最好維持在小團體。我們偶爾會有十人或十二人，但八人以下比較容易掌控。八人小組約需要三小時。十二人小組可能會花五小時。

方法：所有人提出和收到的回饋，須遵守第二章所列的四大原則，要是可實際執行的回饋。領導者必須事先說明，評量過程中也要謹慎監督。

正面的可行回饋（繼續做……）很好，但也要適可而止。理想的比例是 25％ 的正面回饋和 75％ 的建設性回饋（開始做……及停止做……）。無關實際行為的客套讚美（「我覺得你是個好同事」或「我很喜歡與你共事」）應該及時制止。

開場：一開始的幾段回饋互動，會決定當天的走向。請選擇能接受不中聽的回饋且不吝表示感謝的人開場。給予回饋的人則請先選擇能說出逆耳忠言，同時能遵守四大原則的人。主管通常會自願當第一個聽取回饋的人。

我們因為有高人才密度和「不留聰明混蛋」的政策，所以現場 360 度評量能夠實行。如果你的員工不夠成熟、態度不佳，或缺乏當眾被指出缺點的自信，你可能還不適合進行這樣的活動。即使你已經完全準備好了，也會需要一個厲害的主持人，主持人必須確保所有回饋都落在四大原則的框架內，如果有人言詞越線，就必須及時介入。

史考特・米爾（Scott Mirer）是裝置合作夥伴生態系統副總裁，他分享了一段插曲。他的團隊在進行現場 360 度評量時，

有人越線，但他未能及時介入。這種情況算是少見，但一發生就很危險，所以領導者必須保持機警：

> 我讓手下的九人團隊進行現場 360 度評量。我們有一個人很好的主管叫伊恩，他向女同事莎賓娜提出回饋。輪到莎賓娜聽取回饋時，伊恩說：「你的工作方式令我想起一部電影，《瀕臨崩潰邊緣的女人》（*Women on the Verge of a Nervous Breakdown*）。」他帶著和善的笑容說，莎賓娜聽了點點頭，還寫筆記。我當下不知道為什麼沒有意識到這句話其實很不恰當，我猜團隊其他人也沒有察覺，我們全都讓那句話就這樣過去了。一星期後我才知道，莎賓娜事後難過了好幾天。她跟同事說：「用針對性別的比喻當評價，根本不是無私，也完全沒幫助。」

如果現場評量時，有人逾越回饋的四大原則，用諷刺、挑釁，或沒有幫助的方式說話，領導者必須立即介入，修正評語。這種情況特別重要，因為我們一直向主管大力宣導，除了要確保每個人都有參與感，也要切記未經思索就脫口而出的評語，有可能在無意間助長偏見。史考特錯失了立即介入的機會。幸好在這個例子裡，公司的誠實文化替他挽回了局面：

> 我打給莎賓娜，為沒有指出伊恩的不當評語向她道歉。但莎賓娜告訴我，她已經不難過了。她找伊恩談了這件事，伊恩也道歉了，他們花了一個多小時面對面把事情講開了。所以，現場評量雖然有擦槍走火的一刻，但總

的來說，我相信這對他們的關係是有好處的。那次之後，我比以前謹慎很多，隨時準備跳出來阻止即將越線的評語。

公開羞辱？排擠少數？集體公審？如果看完前幾頁的敘述，你的腦中冒出這些形容詞，你並不是特例。

Netflix 多數員工第一次進行現場 360 度評量時都覺得很不安。內容副總裁賴瑞（聽到泰德詳述收到的評語以後很震驚的那一位）說明當初的經驗：

> 當眾被給意見，聽起來就像酷刑。每次參與現場 360 度評量前，我都很緊張。但真的開始以後，就會發現其實也還好。因為人人都在看，大家也會很謹慎，用寬厚和支持的方式給予回饋，目的是要幫助你成功。沒有人特意要羞辱你或攻擊你。如果有人越線，幾乎都會立刻有人對他們的評語表示意見：「喂喂──你那樣說沒有幫助！」現場評量如果進行順利，每個人都會收到很多中肯但不太中聽的建議，並非特別針對你個人。終於輪到你的時候，大家的話聽在耳裡也許一時很難接受，但那會是你一生中最有建設性幫助的大禮。

Netflix 幾乎每名員工都有一段現場 360 度評量如何幫助自己的故事。有些人覺得能與同事交流感情，很有樂趣。但其他人的樂意程度，大概和里德每年定期回診牙醫的無奈差不多。

他們知道有用，但直到結束前都滿心懼怕。蘇菲是法國人，在
阿姆斯特丹分部擔任溝通經理，她就屬於這類人：

> 我和多數法國人一樣，會依照學院訓練的方式建立論述。
> 首先介紹原則，推導理論，回答論述產生的質疑，最後
> 導向結論。引言，正論，反論，結論。法國人多年來在
> 學校學的分析方法就是這樣。
>
> 　美國人學到的常常是「切入重點，堅守重點」。但
> 法國人會覺得，「你都沒解釋你的論點，怎麼能一下就
> 切入重點？！」Netflix 當然是一家從美國開始的公司。
> 我的主管是美國人，團隊中多數同事也是美國人。我之
> 前不知道，原來我的溝通方法不符合他們的預期。
>
> 　2015 年 11 月，我的上司為團隊主持現場 360 度評量。
> 我們在阿姆斯特丹華道夫酒店一間房間裡享用四道菜的
> 豐盛晚餐。那天名符其實是個「風雨交加的黑夜」，我
> 們在中世紀裝潢風格的房間裡，原木長桌上方懸掛的水
> 晶吊燈是現場唯一的光源。我很緊張，但我安慰自己，
> 我才進公司不久就已經很有成績。我相信我絕對稱得上
> 「優秀同仁」。
>
> 　輪到我聽回饋時，我的同事喬艾劈頭就說，我應該
> 改進我的溝通技巧。她說我容易讓聽的人分心，花太多
> 時間才講到重點。我心想：「我？我溝通能力不好？我
> 可是溝通專家！我最大的強項就是溝通！」我認為她的
> 回饋很沒道理，所以不打算採納。
>
> 　但接著其他美國同事一個一個輪流給我回饋：好話

不少，但也有人說：你太遵守理論了、你的訊息不夠乾淨俐落、你的行文風格會讓讀者不想看下去。第五個人說完以後，我心想：「夠了，我知道了！你們不必這樣圍攻我。」到了第七個人，我開始心生抵抗，我很想大聲說：「喂，你們這些美國仔，怎麼不去法國公司工作看看，看他們認為你的行文風格多棒！」

但蘇菲也認為，收到這些回饋很值得，即使那天晚上超級不自在：

那頓晚餐是兩年前的事，也是我這十年來最重要、最有建設性的時刻。我的調適能力此後進步很多。我現在能很熟練地在美國和法國的溝通模式之間切換，這非常不容易，但我的同事在最近幾次 360 度評量時肯定我做得很好。我恨透了華道夫飯店那個晚上，但若沒有那一晚，我最後肯定過不了留任測試，現在大概也不在 Netflix 了。

問 Netflix 員工，你的「有待改進方面」被搬上餐桌討論，所有人都在聽會是什麼感覺。這大概就是你會聽到的標準回答：偶爾會尷尬丟臉，通常都令人不自在，但最終能夠提升你的工作表現。對蘇菲來說，可能還幫她保住了工作。

我們的經驗 8

....

如果你對誠實文化有一定的重視，你會需要一些機制來確保大家都會練習誠實。只需兩個步驟，就能確保每個人都能定期收到有建設性的意見。

‖ 重點回顧

- 誠實文化就像看牙醫，即使你鼓勵大家天天刷牙，有些人也不會刷。真的天天刷的人，也可能會忽略難刷的地方。每六個月到一年做一次總檢查，確保牙齒健康、回饋透明。

- 績效評量不是維持職場誠實文化的最佳機制，因為這類回饋通常只有單向（上對下），而且只來自一個人（主管）。

- 360 度評量報告，是每年聽取回饋的好方法，但是要避免匿名和評分，不要把評量結果與加薪、升遷綁在一起，而且應該公開讓任何願意給予意見的人都能留言。

- 現場 360 度評量是另一個有效的方法。安排幾小時，離開公司去其他地點。給予清楚的指示，遵照回饋四大原則，使用「開始、停止、繼續」的方法，給予 25%的正面回饋、75%的建設性意見──不要拍馬屁打高空，回饋必須可以實行。

邁向 F&R 文化

Freedom + Responsibility

實施留任測試制度後，你的公司就能達成高人才密度。現在，實施書面與現場 360 度評量之後，公司不只有誠實敢言的風氣，還多了制度化的工具可以確保員工彼此公開誠實地對話。

人才和誠實雙雙到位後，現在你可以專心指導主管放鬆現存的任何控制。我們在第六章談過決策自由，所以照理來說，你的員工應該已經準備好了。但為了建立真正自由與責任的環境，你還需要教導所有主管「充分資訊，放心授權」。這就是下一章的主題。

第九步，去除大部分控制……！

9

充分資訊，放心授權

Netflix 原創紀實節目總監亞當・戴・狄歐（Adam Del Deo）掛上電話時，覺得胃揪成一團，只好背靠牆壁深呼吸，閉上眼睛。他人在猶他州帕克城華盛頓學院飯店大廳，再睜開眼睛時，他的同事、資深法律顧問羅伯・吉勒摩（Rob Guillermo）已站在他身旁。「嘿，亞當，你還好吧？《伊卡洛斯》（*Icarus*）競標有新消息嗎？」

2017 年 1 月，亞當和羅伯參加日舞影展。昨天他們剛看完一支紀綠片，就是《伊卡洛斯》，記述俄羅斯禁藥醜聞。聽亞當說，那是他有史以來看過最好看的紀錄片：

> 故事從科羅拉多州記者福格爾（Bryan Fogel）的瘋狂經歷
> 展開，他也是一名自行車運動員，想實驗看看能不能服
> 用興奮劑參賽，像蘭斯・阿姆斯壯（Lance Armstrong）

一樣躲過檢查，在自行車賽中靠興奮劑提升表現。他透過朋友找上俄羅斯反興奮劑組織的負責人，這個叫羅琴科夫（Rodchenkov）的人答應幫忙。他們透過 Skype 視訊結為好友。但布萊恩實驗進行到一半，俄羅斯就被控訴讓奧運選手使用興奮劑──而負責興奮劑計畫的正是羅琴科夫（他同時也負責反興奮劑計畫！）。羅琴科夫逃出俄羅斯，躲藏在福格爾家中，唯恐俄羅斯總理普丁會殺人滅口。

　　這種故事是編不出來的，整部電影徹底扣人心弦。

　　亞當非常希望 Netflix 買下這部電影，據傳 Amazon、Hulu 和 HBO 也都想搶。他那天早上出價 250 萬美元，以紀錄片來說已是天價，但剛才電話中得知，開價還太低了。他該不該出 350 萬？400 萬？從來沒有紀錄片要花這麼多錢。他和羅伯正在討論時，泰德從隔壁的早餐餐廳走進大廳。他們把《伊卡洛斯》的情況告訴泰德，泰德問他們打算怎麼做。亞當記得當時的對話：

　　「我們可能會提高到 375 萬甚至 400 萬美元，但這對紀錄片來說是天價，市場會完全被打亂。」我說，我想看泰德有何反應。

　　泰德直視我的眼睛說：「你覺得，這部片『就是它了』嗎？」他一邊說一邊用手指比出上下引號，像是另有深意。我忍不住緊張起來。對我來說，確實「就是它了」。但對他是嗎？我問他：「泰德，你覺得呢？」

泰德邁步走向大門，很顯然沒打算回答這個問題。「聽好了，」他說，「我怎麼想無所謂，你才是負責紀錄片的人，不是我。我們付錢請你來做選擇，問問你自己，是不是『就是它了』。它會大獲好評嗎？會像《麥胖報告》（*Super Size Me*）或《不願面對的真相》（*An Inconvenient Truth*）一樣，入圍奧斯卡嗎？如果不會，付這筆錢就太多了。但如果『就是它』沒錯，不論多少錢你都應該出，哪怕 450 萬、500 萬。如果『就是它』，搶下來就對了。」

2007 年，萊絲莉首創一句話，現在仍是 Netflix 全公司上下的重要準則，形容的正是泰德走出飯店大廳時的行為：「充分資訊，放心授權。」幾乎在任何公司，事關這麼多錢，高階主管絕對會介入主導協商。但 Netflix 的領導作風不一樣，正如亞當解釋：「泰德不打算替我做決定，但他定下宏觀的背景條件，協助我把想法調整到和公司策略一致。他給予的背景資訊，為我的決定奠下基礎。」

加以管控 vs. 給予資訊

管控式領導對多數人都不陌生。老闆核准及指揮所有提案、行動和團隊決策。有時候，他會透過直接監督來管控員工的每個決定——告訴他們該做什麼、頻繁檢查、糾正任何未依指示的作業。也有時候，他可能會設法多賦予員工一些權力，

以避免直接監督,但是取而代之卻制定了管理流程。

很多領導者經常使用管理流程,給員工自己選擇做事方法的自由,但老闆仍可管控成果和時限。比方說,老闆可能會在與員工討論 KPI 的時候,立下目標管理流程,然後固定間隔來監督流程,依照員工是否在時間和經費限制內完成預期目標,評量個人的最終績效。老闆可能也會建立減少錯誤的流程,來管控員工的工作品質,例如交付客戶前檢查成果,或下單前核准採購單等等。這些流程目的都是讓主管能給員工某些自由,同時又能管控。

相較之下,資訊式領導比較困難,但可以賦予員工可觀的自由。事先給予充分資訊,讓你的團隊能做決定,自行完成工作,不必靠監督或流程來管控他們的行動。好處是這個人會鍛鍊出決策能力,未來就能獨立做出更好的決策。

但除非有適當的前提,否則給予充分資訊也行不通。第一個必要條件,就是高人才密度。只要你管理過別人,不管是自己的小孩或是到家裡施工的承包工人,你就一定明白原因。

舉個例子,想像你有個十六歲的兒子,他的興趣是畫日本動漫、解複雜的數獨和吹薩克斯風,最近開始會在週六晚上和年紀比較大的朋友去參加派對。你已經跟他說過,你不希望他酒後開車,假如開車的人喝了酒,也別搭那個人的車,但他每次出門,你還是很擔心。你有兩種方法可以處理這個問題:

1. 你決定兒子哪些派對能去(哪些不能去),並監督他在派對中的行動。他如果星期六晚上想出門,要遵守一套流程。首先他必須向你說明有誰會去、他們會做什麼。接下來你會和辦派對的那一家父母聯絡,透過對話查證

派對有沒有成年人在場，現場有沒有酒精飲料。你再依據這些資訊，判斷兒子能不能去。但答應之後，你仍會追蹤兒子的手機，確定他去的真的是這一場派對。這是管控式的領導。

2. 第二種方法是給予充分資訊，讓兒子與你在觀念上取得共識。你會向兒子說明青少年飲酒的原因，以及酒後開車的危險。你在自家廚房，把好幾種不同的酒倒在杯裡，跟兒子討論每一種喝了多少會微醺、酒醉或醉倒，對駕駛能力（和身體健康）有何影響。你在 YouTube 找到教育性質的影片，給他看酒後開車的種種後果。等到他清楚了解酒後開車的嚴重風險之後，你允許他去任何想去的派對，不必經過流程核准，也不會監督限制行動。這是資訊式的領導。

你選擇哪一種方式，很可能取決於你兒子。如果他過去判斷力不佳，你並不信任他，你可能會選擇控制管理。如果你知道他懂事、可靠，你就能給予資訊，交給他自己判斷。這麼做不只是訓練他每星期六晚上明智地做決定，也是訓練他往後人生在同儕壓力下，面對無數誘惑，也能做出負責任的決定。

如果你的孩子很負責任，選項二聽起來顯然就是解答。誰想當個專制的父母呢？誰不希望青少年為自己的安全負責？但在很多情況下，二選一沒有那麼容易。想想以下情境：

你是現代版唐頓莊園（貴族家庭，說話有傲慢的腔調，家族中風波不斷，而且非常有錢）的女主人。你的成年兒女要回家過節一個月，你聘了廚師來烹調晚餐。你們家族的飲食要求很多。一個人有糖尿病，另一個人吃素，還有一個人遵守低醣

飲食。你知道如何烹調哪些食物給這一大家子吃，但你聘請的廚師該怎麼辦，他不認識你的家人，要怎麼應付這些需求呢？這次，你一樣有兩個選擇：

1. 給廚師一份烹調計畫和一套食譜，具體載明每晚要煮什麼，並且詳細列出每道菜的份量，註明哪一種食材應該換成別種。你要求每道菜上桌前必須讓你嘗過，確保調味正確，熟度恰到好處。廚師只需要聽從你的指示。當然，她提議想煮拿手菜也很歡迎，只是煮之前一定要徵求你同意。這是管控式領導。

2. 向廚師詳細說明家族中不同的飲食需求。解釋低醣飲食原則，以及糖尿病患可以吃些什麼。你給她看你以前煮過的食譜，哪些成功，哪些失敗了，你試過的常用替代方案有哪些。你說明每頓晚餐，每個人都應該攝取到蛋白質、一道涼菜，和至少一份蔬菜。你們兩個對於怎樣算是一頓成功的晚餐達成高度共識。然後你請她自行找食譜，自行選擇想煮什麼。這是資訊式領導。

採用選項一，你很清楚每天上桌的菜色，而且也確定家人愛吃。你已經把菜色不受歡迎或任何出差錯的可能性都排除了。所以如果你請的廚師經驗不多，看來不太習慣提出新創意，或是不夠有尋找新食譜的冒險精神，而你一時也找不到其他更厲害的人，那麼選項一就很適合你，選項二太冒險了。

不過，如果你信任你雇用之人的判斷力和才能，選項二會比較有趣。能力出眾的廚師多了自己選擇食材及嘗試配方的自由，更能發揮廚藝。她能提出比你更有創意的選擇。就算真的犯了錯，她也會學到經驗，到了假期結束時，你們全家人都會

記得她端上桌的美味饗宴。

因此，選擇採用資訊式或管控式領導前，你必須先回答一個問題：「我手下員工的才能落在什麼程度？」如果你的員工埋頭苦幹也未必有好成績，你必須監督及檢查他們的工作，確保他們做了對的決定；如果你有一群高績效的員工，他們都渴求自由，在你的資訊式領導下，反而能大放異彩。

但決定要用資訊式或管控式領導，還不只與人才密度有關。你也必須考量產業性質，以及你希望達成的目標。

防錯 vs. 創新

下面的兩段文字，來自近年來十分成功的兩家公司。想想哪一家公司更有可能得利於管控式領導（利用監督和／或減少錯誤的流程），假如兩方都有高人才密度，誰會因資訊式領導作風而受惠。

我們先從能源石化公司埃克森美孚（Exxon Mobil）說起。以下是從他們官網節錄下來的一段話：

埃克森美孚石油公司 ExxonMobil

2000 年以來，我們已將勞工損失工時意外事故率減少逾八成。數字持續下降，但安全事故偶爾仍會發生。2017年，兩名承包工人在兩起與 ExxonMobil 相關的營運事故中受到致命傷害，對此我們深感惋惜。其中一起事故發

生在近岸鑽探工地，另一起則發生在工程期間的煉油廠。
我們仔細調查過事故起因與助長因素，以預防未來再發
生類似事件，調查結果已向全球發表。我們也加入跨產
業工作小組，與石油、天然氣及其他產業的代表，如美
國國家安全委員會的坎伯研究所（Campbell Institute）
合作，希望更理解重大傷亡事故的預兆。我們會繼續對
ExxonMobil 旗下員工與承包商宣導安全第一的觀念，直
到實現目標，造就**零傷害**的工作環境。

第二個例子是美國零售業龍頭目標百貨（Target）。2019
年，《快公司》雜誌公布全球最創新公司排名，目標百貨高居
第十一位。以下是從該篇報導節錄的段落：

目標百貨

零售業末日對許多連鎖零售賣場造成沉重打擊：傑西潘
尼（J.C. Penney）、西爾斯百貨（Sears）和 Kmart 面對
電商崛起，營業全面萎縮，昔日客流不斷的實體店如今
門可羅雀。但面對大環境變遷，目標百貨卻能靈敏順應
消費者喜好。公司在全美有 1800 多家連鎖分店，有各種
不同的樣貌，從占地廣大的超級目標商場，到市中心小
而靈活的店鋪，迎合各地顧客的不同需求。品牌也投資
網路事業，網站功能完善，除了有足可匹敵 Amazon 的
當日及隔日到府配送服務，也有線上選購商品，當日到
店取貨的選項。

　　思考該採用資訊式或管控式領導時，第二個關鍵問題是，你的目標是防範錯誤還是創新。

　　如果你的重點是消除錯誤，管控就是最好的辦法。埃克森美孚所在的市場以安全為重。工程地點需要數百條安全流程，將人員受傷的風險降到最低。當你經營高風險事業，意外事故愈少才愈有利的話，管控機制絕對不可或缺。

　　同樣道理，如果你管理醫院急診室，只給予菜鳥護理師資訊，剩下要他們自己做決定，沒人在旁監督，很可能會出人命。如果你製造飛機，沒有充分的管控流程確保零件組裝精確，死亡事故的發生率會隨之升高。如果你是高樓大廈的洗窗工人，你絕對需要定期的安全檢查和每日例行的清點。管控式領導很適合預防錯誤。

　　但若你和目標百貨一樣，目標在創新，失誤犯錯就不是首要風險。首要風險是員工想不出改造企業的好點子，使公司失去競爭力。雖然隨著網路購物興起，許多實體店歇業，但目標百貨的首要目標始終是想出能吸引消費者的新方法。

　　很多企業的頭號重點與目標百貨相同。不論你身屬的企業是在發明兒童玩具、販售杯子蛋糕、設計運動服飾，還是無國界料理餐廳，創新都是你的首要目標。如果你又擁有高績效的員工，那麼資訊式領導就是最佳選擇。想鼓勵創新，就不要指揮員工做事或要求照表操課。給他們放膽幻想的背景條件、換位思考的靈感，以及允許犯錯的空間。換言之，用給予資訊代替管控。

　　或者，像《小王子》的作者安東尼・迪聖修伯里（Antoine de Saint-Exupery）用別具詩意的語言所形容的：

如果你想造一艘船，

不要號召工人收集木頭，

發號施令，分配工作。

反而要教導他們，

對一望無際的大海心生嚮往。

　我很喜歡這段文字，我們的文化簡報末尾也引用了這段話，不過我也知道，有些讀者可能會覺得完全不切實際。因此我就要提到第三個必要條件。如果你希望資訊式領導行得通，除了高人才密度（第一個條件）和目標在於創新而非防範錯誤（第二個條件）之外，你的公司還必須（第三個條件來了）是一個「鬆散耦合」（loosely coupled）的系統。

鬆散耦合 vs. 緊密耦合

　　我是軟體工程師，而軟體工程界用「緊密耦合」（tightly coupling）和「鬆散耦合」來解釋兩種不同的系統設計。

　　在緊密耦合的系統中，不同模組錯雜交織，你想改動系統的一部分，必須追溯根源，重新修改基礎，這麼一來，不只你希望改動的區塊受影響，整個系統也會跟著改變。

　　相較之下，鬆散耦合的設計系統中，不同構成模組之間的相依程度很低，設計可以個別改動，不必回頭去修改基礎。因此軟體工程師偏愛鬆散耦合，他們可以只修改系統的一部分，

不會對其餘部分產生影響，整個系統比較有彈性。

　　企業組織的結構有點像電腦程式。在一家緊密耦合的公司，重大決策由大老闆決定，再向下推行至各部門，往往也使不同業務範圍之間產生相互依賴的關係。萬一部門層級出了問題，必須回溯到監管所有部門的老闆。同時，如果是鬆散耦合的公司，主管或員工可以放心自由做決定或解決問題，因為每個人都知道，後果並不會回彈到其他部門。

　　如果你公司上下各級主管，傳統上習慣管控式領導，可能會自然而然形成緊密耦合的系統。若你管理的部門（或部門內的一個團隊）是緊密耦合系統，而你決定要開始採行資訊式領導，你可能會發現緊密耦合形成妨礙。既然所有重要決策都歸高層決定，你就算想賦予部屬決策的權力也辦不到，因為任何大事都必須經上級核准，不僅要有你同意，還要你的上司和上司的上司同意。

　　如果你已經身處緊密耦合系統，你可能必須與公司高層的領導者合作，才有可能改變整個組織的行事方針，才有可能在較低層級試行資訊式領導。即使有了高人才密度，也以創新為目標，如果不能解決耦合問題，資訊式領導就不太可行。

　　看到這裡你應該相當清楚，Netflix 是鬆散耦合的系統，我們採用掌握全盤的領袖做決策的領導模式，決策高度分散，少有集中化的管理程序、規定或政策。這為個人提供了高度自由，給各部門更大的彈性，而且加快全公司的決策速度。

　　如果你正要創業，而且目標是創新和彈性，請盡量維持決策去中心化，降低部門之間的相依程度，從一開始就建立鬆散耦合。一旦你的組織已習慣了緊密耦合的結構，要再引入新系

統就難得多了。

　　話雖如此，緊密耦合至少對組織有一個重要優勢。在緊密耦合的系統中，策略改變可以很容易就傳達至全公司，使公司上下認同一致。假如執行長希望公司所有部門專注於永續發展和良知消費，可以透過集中化決策來達成控制。

　　反之，在鬆散耦合的系統中，步調不一的風險很高。誰敢說某個部門不會優先考慮壓低成本，忽略了環境保護或血汗勞工，結果拖累全公司呢？如果部門主管對如何支援公司的新策略有絕佳遠見，但團隊成員各自決定了接下來的企劃，每個人都分頭賽跑去了，那短時間內想將部門的遠見付諸實現，可能要祈求好運才行。

　　這就要說到資訊式領導的第四項也是最後一項前提。

你的組織認同一致嗎？

鬆散耦合要能運作，讓每個人都能做重大決策，那麼主管和員工對於目標一定要有絕對的共識。鬆散耦合只有在主管和團隊間共享清楚的背景資訊時才行得通。對資訊有共識，可驅使員工做出對公司整體任務及策略有益的決定。因此 Netflix 有一條座右銘是：

認同一致，鬆散耦合

　　要了解這句話的涵義，我們要先回到唐頓莊園，你們一家

人還在等待晚餐上桌。如果你花了充分時間確保你和廚師有一致的共識，對家人喜歡哪些食物、誰為什麼只能吃什麼、餐點分量，以及哪種食材該煮三分熟、五分熟或全熟，都有共識，那麼這位優秀廚師不必被監督，也能自己選擇食材料理。

　　然而，如果你請來優秀廚師，也給她自由烹調的權限，卻沒向她說明你家的人討厭鹽巴、沙拉醬裡面如果放糖就沒人會吃，那你們家這群挑嘴的人大概不會喜歡最後上桌的菜餚。若是這樣，錯不在你請來的廚師，而是你。你請來對的人，卻沒有提供充分資訊。你給廚師自由，但你們的認知並不一致。

　　當然在一家公司裡，不是只有一名廚師為一家人做菜，而是有層層的領導關係，這也使建立共識更形複雜。

　　接下來我們就來看看，當所有領導者的目標都是建立共識時，如何有效在公司上下建立背景資訊。執行長要提供第一層資訊，為全公司的認同建立基礎，所以我們先從里德開始。

對齊北極星

我用很多方法在公司上下建立背景資訊，但我最主要的平台是高階主管和季度會議。每年幾次，我們會從世界召集公司所有高階主管（公司前 10％ 到 15％ 的高階人員）。首先我會和我的六名直屬部下，包括泰德、格雷格‧彼得斯和人資長潔西卡‧尼爾等人，開很長的會議或飯局。然後我會花一天時間與高階主管（副總裁以上）開會，接下來兩天就是季度會議上的發表、

分享和辯論（總監以上的員工都要參加，約為全體人力的一成）。

這些會議的首要目標，是要確保公司全體主管對我所謂的「北極星」認同一致，也就是公司前進的總體方向。各部門要怎麼走向各自的目標，交給個別部門考慮就好，我們的看法不必一致，但是我們必須確保所有人都往相同方向前進。

季度會議前後，我們會做出數十頁的 Google 文件備忘錄，供所有員工參閱，文件中載明我們在季度會議分享的所有資訊和內容。不只是有參加季度會議的人可以點閱，公司各層級的人都能看，包括行政助理、市調專員，所有你叫得出名字的職位。

每次季度會議之間，我會進行一對一面談，觀察公司內實際的一致程度，看看還有哪裡欠缺資訊。每年我會與每位總監進行三十分鐘會談，總計與組織層級比我低三到五階的員工面談兩百五十小時。除此之外，每一季我會和每位副總裁（低我二到三階）面談一小時，等於每年又會再多花五百小時。Netflix 規模還小的時候，我和每個人面談比較頻繁，但現在我每年還是會花上約 25％的工作時間進行這些面談。

這些一對一面談可以幫助我更了解員工目前在工作上依循的資訊，同時提醒我哪些部門的領導作風並不一致，我就能在下一輪季度會議重新強調要點。

以下是 2018 年 3 月的一個例子。我到新加坡分部，與產品開發部門總監進行三十分鐘一對一面談時，他不經意提到團隊應上級要求，正在研擬五年的人員增減計畫。我很詫異，五年計畫在一般公司聽來是很自然的事，但放在我們這個動態產

業裡來看就很荒謬了。我根本不知道我們的產業五年後會是什麼樣子，設法猜測並根據猜測來做規劃，絕對會綁手綁腳，讓公司無法快速適應變化。

　　我進一步調查，發現是高階設備主管請多個分部的同仁呈交 2023 年的員工人數預測數字。我找他來談，他解釋說，因為在某些全球分部地點，人數成長比預期更快，辦公空間一下子就容納不了，但頻繁更換地點也是浪費經費。「如果有五年的用人計畫，我就能用最便宜的價格找到最理想的空間，不會再重蹈上次的覆轍，所以我才請各部門提出計畫。」他解釋說。

　　我很想對他說：「你這個死腦筋！別把預防錯誤擺在靈活彈性之前！這完全是在浪費時間，擬定這種計畫根本沒有準確性可言，立刻中止這個企劃。」但這就等於管控式領導了。

　　相反地，我提醒自己我常對 Netflix 各級主管說的話：

　　當你的部下做了蠢事，別責怪他，反而要問自己，你哪些資訊給得不夠充分。傳達目標和策略時，遣詞用字夠不夠明確？夠不夠鼓勵人？你有沒有清楚解釋所有能幫助團隊決策的假設和風險。你和部下的看法和目標是否一致？

　　高階設備主管這個例子裡，我當下沒說什麼。事關選擇辦公空間，他才是掌握全盤的領袖，我不是。

　　但與他談話讓我得知，我有必要對全公司提供更清楚的背景資訊。只要有一個人與公司策略方向不一，肯定還有另外五十個人也是這樣。我把這個主題加進下一次的季度會議。會議上，我向所有主管說明為什麼 Netflix 在多數情況下，總是寧可為具有更大彈性的選項多付點錢，因為我們知道，我們無法

也不應該強行預測公司未來的樣貌。

當然，每個狀況各有不同，而且不論是什麼產業，也還是需要前瞻思考。該場季度會議中，我們討論了為求保持彈性，我們該做到什麼程度。會前我提供一些閱讀資料，指出過去預測公司成長的準確度有多低，而且最好的機會往往無法預期。我們進行專題討論，探討過去的案例，該為能增加未來選擇的選項多付點錢，還是為了省錢而選擇減少彈性的選項，怎麼做比較好。我們辯論公司到底需要多大的彈性，又該為此付出多少代價。

這些對話不會導向明確的結論或規定，但是透過辯論，所有主管都對一個觀念有了明確而一致的共識，那就是用長期計劃來防範錯誤或節省經費，並不是我們的首要目標。我們的北極星，是建立一家能快速適應突如其來的機會和商業環境變遷的公司。

當然，執行長只能提供第一層背景資訊。在 Netflix，每個層級的每位主管進公司後都必須學會資訊式領導。隸屬泰德團隊的梅麗莎・考博（Melissa Cobb）提供了一個例子，呈現背景資訊在整間公司內部如何運作。

認同是一棵樹，不是金字塔

原創動畫副總裁梅麗莎，2017 年 9 月加入 Netflix 前，曾在福斯、迪士尼、VH1 和夢工廠任職。她是夢工廠奧斯卡提名動畫《功夫熊貓》

三部曲的製作人。身任主管職二十四年，她用兩個比喻——金字塔和樹，協助加入團隊的經理人了解傳統領導角色和 Netflix 資訊式領導之間的差異。她解釋如下：

在我來到 Netflix 前所任職的每家公司，決策結構都像一座金字塔。從我進這個產業以來，一直是負責電影和影集製播業務。我們的金字塔底部有一群所謂的創意執行專員，大概四十五到五十個人。這些執行專員每人可能負責一到多部影集。比方說，我在迪士尼時，我們在製作謝維・崔斯（Chevy Chase）主演的《犬父虎子》（*Man of the House*），負責這部片的創意執行專員每天都要到片場審核劇本、服裝等等小細節。每部影劇的眾多小細節都由金字塔底部照顧打點。

當重要的突發狀況出現時，例如可能有人想更改開場的一段涉及敏感的對白，那就需要向金字塔的上一層請示。創意專員會說：「噢，我不確定主管想法，我打電話問她。」

　　創意專員會聯絡她的主管，也就是金字塔上一層約十五名總監中的其中一人：「老闆，你覺得呢？這段對白可以改嗎？」總監多半會同意，偶爾也可能拒絕。

　　但若變動範圍更大，不光是更改台詞而已，例如有人想刪掉一整幕戲，那總監可能就會說：「呃，我不確我的主管會怎麼說，我要先和他確認。」問題會向上推往金字塔再上一層六人左右的副總裁。總監會打給她的主管說：「老闆，你覺得呢？這一幕可以刪掉嗎？」副總裁再同意或拒絕改動。

　　現在，假如有更重大的事發生，例如某個演員中途退出，或整份劇本必須重寫，就必須再往上找人數更少的資深副總裁。如果真正遇上大事，例如編劇生病，需要盡快核准新編劇上工，可能就要一路往上找到位居金字塔最頂端那個小三角形裡的執行長了。

　　梅麗莎在前公司經歷的金字塔決策結構，在絕大多數企業組織都很容易看到，不論是什麼產業或在什麼地方，不是由老闆全權決策，然後往金字塔下層推展實施，就是基層的員工可以做比較小的決定，但重大決策要請示上級。

　　但 Netflix 就像先前討論過的，決策者是掌握全盤的領袖，不是老闆。老闆的工作是建立背景資訊，引導團隊做出對公司發展最好的選擇。如果依循這樣的領導模式，我們會發現這個系統運作方向不太像金字塔，比較像一棵樹，執行長是最底下樹的根基，而掌握全盤的領袖則是最上方實際做決策的枝椏。

　　梅麗莎提供了一個深入的實例，說明背景資訊如何從樹根

一路向上供給到最高的枝頭。在下面的樹狀示意圖中，你可以
看到從里德到泰德、梅麗莎自己、多明妮克（梅麗莎屬下的總
監）在各層級給定的不同資訊，這些資訊最後全都會影響掌握
全盤的領袖，也就是阿倫所做的決定。現在我們就來看看每一個
點所給的資訊如何在公司上下創造認同一致。

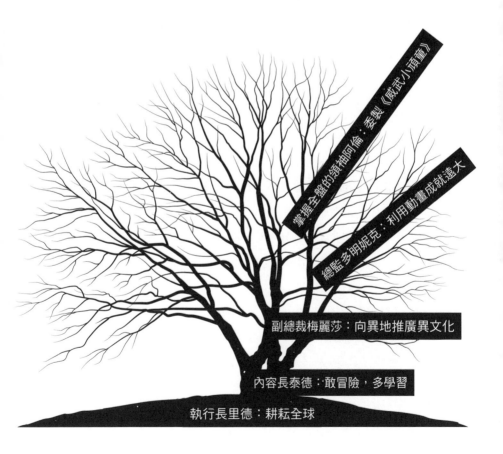

掌握全盤的領袖阿倫：委製《威武小項童》

總監多明妮克：利用動畫成就遠大

副總裁梅麗莎：向異地推廣異文化

內容長泰德：敢冒險，多學習

執行長里德：耕耘全球

位於樹根的里德──耕耘全球

....

2017 年 10 月，梅麗莎參加了她的首屆季度會議，會中里德發表了 Netflix 未來全球擴張的相關資訊：

> 我剛進 Netflix 不到一個月。十月的第二週，公司在帕沙第納的杭廷頓朗豪飯店召開季度會議，我是第一次參加。在這之前，我一直想趕快搞清楚 Netflix 的行事作風，但每個人都再三跟我說，到了季度會議，線索就會湊在一起，到時我就懂了。所以里德上台說話時，我聽得格外仔細。
>
> 　　里德在他十五分鐘的短講中解釋：「公司上一季的成長有八成來自美國境外，這正是我們應該專注投入心力的地方。我們現在半數以上的用戶來自其他國家，而且這個數字會逐年上升。這就是最大的成長所在。國際成長是我們的首要目標。」

里德接著詳列出 Netflix 主管應該投注最大心力的國家（包括印度、巴西、南韓、日本）以及為什麼（原因後續會再說明）。他的這段談話，為梅麗莎思考如何替所屬部門擬定策略定下了基礎。不過，里德不是梅麗莎的直屬上司。她是在泰德的手下工作。季度會議結束後不久，她和泰德一對一面談，泰德在里德的訊息之外又加上他自己給的資訊。

位於樹幹的泰德──敢冒險，多學習

....

一對一面談以前，泰德已經和梅麗莎談過一些重要的國際
拓展機會。印度是 Netflix 可拓展的巨大市場。日本和南韓的
生態系對內容開發來說格外豐富。巴西的 Netflix 分部很小，
但訂閱用戶卻超過一千萬人。但 2017 年 10 月，泰德與梅麗莎
坐下來面談時，泰德談的都不是 Netflix 員工已經知道的事，
而是誰都還不知道的事情：

> 梅麗莎，Netflix 面臨一個轉捩點。我們在美國已有四千
> 四百萬名會員。未來大幅成長的機會在海外，而我們要
> 學的事情還很多。我們不知道沙烏地阿拉伯人在齋戒月
> 會看比較多還是比較少電視。我們不知道義大利人喜歡
> 看紀錄片還是喜劇片。我們也不知道印尼人比較喜歡一
> 個人在房間看電影，還是全家人在客廳一起看。我們想
> 要成功，就必須成為一部國際學習機。

對於 Netflix 的下注比喻，以及某些賭注會成功、某些會
失敗的暗示，梅麗莎已經很熟悉。但賭博比喻沒能形容到一個
關鍵面，那就是要在失敗中學習，而這也是泰德想給的資訊：

> 你的團隊在全球各地購買及製作內容的同時，我們也必
> 須集中火力學習。我們在具有高度成長潛力的國家，例
> 如印度或巴西，應該做好承擔巨大風險的準備，才能更
> 認識這些市場。我們可以期待勝利，但也別怕遭遇一些

慘痛的失敗，我們可以從失敗中學習下一次如何做得更好。我們應該經常問自己：「我買下這部節目，萬一失敗，我們能從中學到什麼？」只要有值得學習的重點，就盡管下注。

梅麗莎在思考下一次週會要對她帶領的兒童與家庭內容團隊分享什麼資訊時，里德和泰德給的資訊雙雙起了幫助。

位於大樹枝的梅麗莎——向異地推廣異文化

梅麗莎曾待過的迪士尼和夢工廠，皆有全球知名度，製作的內容在全球各地都有觀眾。但梅麗莎相信 Netflix 有機會做出區隔，不光是成為全球品牌，更是真正的全球平台：

世界各地多數孩童收看的不是自己國家製作的內容，就是源自美國的卡通和電影。但我認為，若要像里德在季度會議上所說的邁向國際，我們可以做得更好。

我希望小朋友在 Netflix 看到的節目清單有如小小地球村。十歲的庫拉住在曼谷的大樓裡，星期六早上起床打開 Netflix，我希望她看到的不只有泰國的卡通（這些在當地的電視頻道上已經有了），也不只是美國的卡通人物（那些在迪士尼頻道也有），而是形形色色、來自全球各地的電視和電影角色。她應該能選擇要看發生在瑞典冰天雪地小木屋的故事，或是背景在肯亞小村落的

節目。這些故事不應該只是關於不同國家的小孩子，這點迪士尼就能做到了。這些節目應該要有實際來自全世界不同地方的樣貌和氛圍。

這個策略行不行得通，我們團隊有很多爭論。小朋友會想看和自己差別這麼大的角色嗎？我們不知道。

泰德給的資訊就適用在這裡。他強調過，這些是我們要盡力找出答案的問題，我們要為賭注失敗做好準備，只要結果能明確學到什麼。我們全都達成一致共識，我們會盡量嘗試，在過程中學習。

梅麗莎在會議中與她的六名直屬部下找到共識。其中之一就是總監多明妮克，她的團隊負責購買學齡前的兒童節目。

位於中樹枝的多明妮克──利用動畫成就遠大

與梅麗莎開完會後，多明妮克想了很久，該怎麼把梅麗莎的「地球村」理想付諸實行。若要鼓勵庫拉收看瑞典和肯亞製作的電視節目，Netflix 應該提供什麼類型的節目？多明妮克覺得動畫是最好的答案，並由此切入她給團隊的資訊：

《粉紅豬小妹》（Peppa Pig）說起西班牙語像西班牙人，說起土耳其語像土耳其人，也會說道地流利的日語。卡通動畫為跨國節目提供的機會，是真人節目做不到的。演員貝拉‧拉姆齊（Bella Ramsey）主演的《淘氣小女巫》

（*The Worst Witch*）在外國播映時，觀眾必須依賴配音或
字幕。小孩最討厭看字幕了，但貝拉如果換成葡萄牙語
或德語配音，看起來又很好笑。語音對不上畫面，大大
影響了觀影品質。但佩佩豬和所有動畫角色一樣，說的
永遠是觀眾的語言。南韓小朋友和荷蘭小朋友對佩佩豬
可以有相同的共鳴。

　　Netflix 的兒童節目若想成為梅麗莎所說的多元平台，
我認為必須把眼光放長遠。我和團隊討論，以後我們買
的所有動畫節目，不論來自哪個國家，動畫水準一定要
夠高，能被世界上鑑別力最高的幾個國家認定是一流作
品。比方說，假如有一部智利動畫，不能只有智利口味
最挑的觀眾稱讚它高水準，它的水準必須高到在動漫狂
熱的日本也叫好叫座才行。

　　有了來自里德、泰德、梅麗莎和多明妮克給予的所有資
訊，內容採購經理阿倫坐在孟買市區一間小會議室裡，才能考
慮對方向他推銷的節目：《威武小頑童》。

小樹枝的阿倫──從小頑童認識大市場

　　阿倫第一次看到《威武小頑童》這部可愛印度動畫的原始
版本時，他覺得在印度一定會大賣。

　　主角是個印度小村莊的小寶寶，無限的好奇心和超凡的

力量將他帶往各式各樣的冒險。他就像印度寶寶版的卜派水手。角色原型取材自梵語史詩《摩訶婆羅多》中的神話人物邊潘（Bheem），在印度家喻戶曉。依我來看，印度人一定會喜歡這部動畫。

但這個節目適不適合 Netflix，阿倫心中有各種疑惑。他首先擔心的是動畫水準。

印度節目傾向低成本。這部動畫放在印度電視台播出，還有到能受到大眾歡迎的水準。但我想到多明妮克和我的共識。我們希望保證水準夠高，不只在原產國受歡迎，到世界各地也能成功。我知道如果買下這部節目，我們得投資比平常購買印度動畫多出兩到三倍的時間，改良到我們期望的品質。

隨之而來也是阿倫擔心的第二件事：

以投資印度節目來說，那會是很大一筆錢。到時全世界必須要有很多兒童收看，我們才能回本。但綜觀電視和串流史，很少有印度節目到了印度境外還能大受歡迎。原因一方面出在低成本的製作，二方面是大家認為他們的敘事方式在地特色太強，全球觀眾難以接受。業界普遍認為，印度劇集很難行銷海外。

阿倫第三個擔心的是就連在印度本土，關於學齡前的電視

節目也缺乏歷史數據：

> 《威武小頑童》是幼兒看的節目，但直至目前，印度幾
> 乎沒有任何為串流或電視頻道製播的學齡前節目。這是
> 因為印度的評級機構不為學齡前節目評級，所以節目很
> 難賺錢。印度真的有觀眾會看專為幼兒製作的節目嗎？
> 過往歷史也無法給予答案。

乍看之下，這些考量都讓《威武小頑童》看來情勢不利。
「所有歷史數據和所有商業理由都告訴我不要製作這齣節
目。」阿倫說。但他也想到 Netflix 主管給他的資訊：

> 里德清楚表明，國際拓展是我們的未來，印度更是關鍵
> 的成長市場。而《威武小頑童》是來自 Netflix 關鍵成長
> 市場的一部好節目。
>
> 　　泰德清楚指出，在印度這樣的國家，我們還有很多
> 要學，只要明顯有潛在的學習價值，我們就該大膽冒險。
> 泰德給的資訊讓我知道：「好，就算這齣節目失敗，至
> 少我嘗試了三件事，都能為 Netflix 提供很珍貴的情報。」
>
> 　　梅麗莎清楚表明，我們的節目清單列出的兒童節目
> 要來自世界各地，主題與樣貌要深具地方特色。《威武
> 小頑童》非常印度，也具備能吸引全世界孩童的元素。
>
> 　　多明妮克和我都同意，我們應該把動畫當成最主要
> 的國際賭注，而且必須是高水準的動畫。《威武小頑童》
> 是動畫節目，只要投入資金便能達成我們期望的高水準。

　　阿倫謹記這些資訊，做出最後決定。他買下《威武小頑童》，然後付錢委託當地動畫公司提高動畫品質。節目在 2019 年 4 月上架，不到三週就成為 Netflix 全球最多人次觀看的動畫劇集。現在觀看次數已經突破兩千七百萬次。

　　我採訪他的時候，阿倫說明了主管給予充分資訊之下，實行分散決策模式的一大好處。

　　我是 Netflix 在印度決定該購買哪些兒童內容的最佳人選，因為我對印度的動畫市場和印度家庭的觀影習慣瞭如指掌。但只有在組織透明化、資訊充分、我和領導者之間也認同一致的情況下，我才能做出對公司有利、也對 Netflix 全球用戶有益的最佳決定。

　　阿倫買下《威武小頑童》的決定，為資訊式領導在 Netflix 的運作方式提供了清楚範例。從位於樹根的我一直往上到中間樹枝的多明妮克，每一層的領導者給定的資訊，成為阿倫做決定前的參考。但阿倫自己作為掌握全盤的領袖，仍是最後決定要買哪些節目的人。

　　你可能注意到了，這個例子一點也不特別。基層員工不必經上司核准，做出涉及數百萬美元資金的決定，我們在本書中已經說過不只一則類似的故事。外界常常很疑惑，對一家財務上負責任的公司來說，這怎麼可能行得通。答案很簡單：因為我們認同一致。

　　Netflix 雖給員工很大的財務自由，但金錢投資仍遵守梅麗莎所描述的資訊樹。內容業務每一季該投資多少經費採購電影

和影集，泰德和我認同一致。接著他會再向下傳播，提供資訊給梅麗莎，說明她的部門每一季該為兒童和家庭節目投資多少錢。梅麗莎又會再針對每一個類別應該投資多少錢，與各個總監達成共識。當阿倫決定競標《威武小頑童》，並且投入一大筆錢升級動畫品質時，他不是隨便亂花錢，而是充分運用梅麗莎和多明妮克提供的經費資訊。

伊卡洛斯的結局

我們上次提到亞當・戴・狄歐時，他還站在華盛頓學院飯店大廳，思考到底該不該下重本買下那部以神話人物為名的電影。神話中，伊卡洛斯因為飛得離太陽太近，蠟造的羽翼最後融化殆盡。

泰德給了很清楚的資訊。如果《伊卡洛斯》不是強檔大作，亞當就不應該為它下重本。他已經開價 250 萬美元，而且從 Amazon 到 Hulu，其他平時的競爭對手也都虎視眈眈。如果 250 萬美元還不夠，電影也不到「就是它了」的程度的話，亞當應該就此放手。但如果亞當堅信《伊卡洛斯》會叫好叫座，那他就應該勇敢出手——不論押多少錢，也要替 Netflix 買下這部電影。

亞當確實相信《伊卡洛斯》會是強檔大作，所以他押下賭注。Netflix 付出 460 萬美元的歷史天價買下這部紀錄片。2017 年 8 月，《伊卡洛斯》在 Netflix 上架播出。

上架後的幾個月，《伊卡洛斯》的表現奇慘，根本沒什麼人在看，亞當受到打擊：

> 《伊卡洛斯》上架十天後，團隊開會檢討新上架內容的觀看數據，數字之慘令我深受打擊。同事們一向信任我有能力預測一部電影有沒有人想看、會引起什麼話題、奧斯卡獎季能抱回什麼獎項。我的名聲建立在這樣的信任上。當下我覺得我犯了大錯，而且一定也會削弱同事對我的信心。

後來發生了一件事，徹底扭轉局面。2017 年 12 月，國際奧林匹克委員會發表報告，宣布俄羅斯遭到禁賽。報告中引用《伊卡洛斯》當作關鍵證據。羅琴科夫上了美國新聞節目〈60 分鐘〉，並在節目中宣稱，他認為至少還有二十個國家也使用禁藥。不久，蘭斯·阿姆斯壯也對外公開表示他對《伊卡洛斯》這部片的欣賞。一夕之間，所有人都在討論這部電影，觀看次數頓時衝破天際。

2018 年 3 月，《伊卡洛斯》獲奧斯卡提名最佳紀錄片獎。亞當還記得頒獎典禮現場：

> 我很確定不會得獎，女演員蘿拉·鄧恩（Laura Dern）即將宣布得獎者時，我還低聲對我的主管西村麗莎（Lisa Nishimura）說：「不會是我們啦，應該是《最酷的旅伴》（Faces Places）會得獎。」沒想到接著彷彿慢動作似地，我聽到蘿拉·鄧恩宣布：「得獎者是……《伊卡洛斯》！」

布萊恩・福格爾衝上舞台，二樓觀眾席爆出歡喜尖叫。
我覺得頭暈目眩，要不是我坐著，肯定當場昏倒。

前往會後派對的路上，亞當遇到泰德，泰德向他道賀：

我問他：「泰德，你還記得我們在日舞影展的對話嗎？」
他咧開大大的笑容說：「記得啊……果然『就是它了』。」

我們的經驗 9

在鬆散耦合的組織裡，如果人才密度高，首要
目標又是創新時，傳統控制取向的領導並不是
最有效的選項。與其想盡辦法利用監督或流程
把錯誤降至最低，不如專心給予明確的資訊，
在主管和團隊之間建立對北極星（公司共同目標）的一致認
同，把決策自由交給掌握全盤的領袖。

Ⅱ　重點回顧

- 「充分資訊，放心授權」的前提是有高人才密度，目標必須是
  創新（而非預防錯誤），而且必須在鬆散耦合的系統內運作。
- 這些條件都具備以後，與其指揮員工做事，不如力求和對方建
  立共識，提供並與員工討論所有有助於做決定的資訊。
- 當你的部屬做了蠢事，先別責怪，反而要問自己，哪些資訊給

得不夠充分。傳達目標和策略時，遣詞用字夠不夠明確，夠不夠鼓勵人？你有沒有清楚解釋所有能幫助團隊做決策的假設和風險。你和部屬的看法和目標是否認同一致？

- 鬆散耦合的組織應該像一棵樹，而不是金字塔。老闆在樹根撐起由高階主管構成的樹幹，樹幹支撐更外圍的樹枝，而樹枝才是決策的地方。

- 你的部屬如果運用從你和其他主管身上得到的資訊，能自行做出好的決定，使整個團隊走向你期待的方向，資訊式領導就成功了。

這就是 F&R 文化

Freedom + Responsibility

我們已探討過建立人才密度和誠實文化的條件，接著可以開始廢除部分管理流程，賦予員工更多自由，同時創造愈來愈具效率與彈性的環境。我們也分析了十幾種多數公司會採行的規定和流程，但 Netflix 並不採用，包括：休假規定、決策核准、費用規定、績效改善計畫、核准流程、調薪總額、KPI 關鍵績效指標、目標管理流程、差旅規定、決策委員會、合約簽字、薪資等級、分級給薪、績效獎金。

這些全是用來控制而非鼓勵員工的方法。在你廢除這些控制之後，要避免混亂和無政府狀態並不容易，但若能讓員工養成自律精神和責任心，協助員工累積足以自主決定的知識，建立誠實回饋的文化以刺激學習，你會驚訝地發現，原來你的組織可以這麼有效率。

光是這些就已經是建立自由與責任文化的充分理由了。但好處還不只這樣：

* 上述項目有些會壓垮創新。休假、差旅和費用規定，有可能演變成規定龐雜的環境，扼殺創新，嚇跑最有創意的員工。

* 另一些項目會拖慢效率。核准程序、委員會決策和合約簽字都會使員工行動無法迅速。

* 很多項目會讓組織無法因應環境變化快速應變。績效

獎金、目標管理流程和 KPI，會驅使員工走安穩的路，難以當機立斷放棄目前的企劃，著手進行下一個。績效改善計畫（以及任何聘雇和解雇流程）則讓公司很難配合需求變化，快速替換員工。

如果你想建立能創新、有效率、有彈性的組織，不妨透過建立必要的背景條件，養成自由與責任文化，就能把這些規定和流程也一併廢除。

這本書一開始，我們問了兩個問題：為什麼有這麼多公司，例如百視達、AOL、柯達，以及我的第一家公司 Pure Software，都沒能隨大環境改變快速創新適應？公司怎麼樣才能更創新、更靈敏達成目標？

2004 年，我們展開 Netflix 的旅程，到了 2015 年底，已經形成高度同步的自由與責任文化。我們成功讓 Netflix 從郵遞光碟事業轉型成線上串流公司，製作出眾多獲獎影集，例如《紙牌屋》和《勁爆女子監獄》。我們的股價從 2010 年大約 8 塊美元，漲到 2015 年底的 123 美元，同時期用戶人數也從 2000 萬上升至 7800 萬。

在美國成功之後，我們展開下一段考驗——進軍國際。2011 年到 2015 年間，我們一次進軍一個國家，逐步拓展。到了 2016 年，我們大膽一躍，一口氣拓展至 130 個國家。Netflix 文化帶領我們成就許多大事。但現在我們好奇：我們的企業文化也能適用於其他地方嗎？這就是第十章的主題。

第四部

NETFLIX 文化
走向全球

10

走向全世界

1983 年，我擔任和平工作團志工來到史瓦濟蘭鄉村，那不是我第一次的海外經驗，卻是學到最多的一次。才過幾個星期我就發覺，我對生活的認知和生活方式與周圍的人很不一樣。

其中一個例子，發生在我教數學課的第一個月。班上這群十六歲高中生因為數學能力很強被選進來，我要替他們準備應付接下來的公家考試。某次週間小考，我出了一道題目，依我對大家程度的了解，他們應該答得出來：

一個長三公尺、寬兩公尺的房間，用邊長五十公分的

正方形磁磚鋪地板，需要多少才能鋪滿？

沒有一個人回答正確，大多數人都留空白沒作答。

隔天上課，我把問題寫在黑板上，請同學自願上來解題。學生一個個坐立不安，不時望向窗外。我感覺到自己因為挫折漲紅了臉。「沒有人嗎？沒人會解這個問題？」我不可置信地

問。我洩氣地在講桌旁坐下來，等著任何人反應。就在這時，
教室後方終於有人舉手，是平常上課很認真的高個子學生塔
博。「塔博，請你告訴我們這一題怎麼解。」我滿心希望地跳
起來。但塔博沒回答問題，反而問我：「海斯汀老師，請問什
麼是磁磚？」

　　我的學生大多住在傳統泥土圓屋，地板鋪的不是泥巴就是
水泥。他們回答不出問題，是因為不知道磁磚是什麼東西，單
純猜不透問題想問什麼。

　　從這次經驗，到後來許多案例，我學到不能把我自己的生
活習慣直接轉嫁到另一個地方的文化。為了能有效溝通，我必
須思考該做怎樣的調整，才能得到我希望的結果。

　　因此 2010 年，Netflix 開始向國際拓展時，我思索了很久，
我們的企業文化會不會也需要作出調整，才能在全球成功。但
那個時候，我們已建立了完整的管理方法，也不斷看到很好的
成果，所以我不太願意再有重大改變。但我也不太確定，我們
的誠實回饋、低規定的風氣和留任測試的方法，在其他國家是
否也同樣有效。

　　我參考了另一家已進軍國際而且態度明確的公司。Google
和我們一樣，以擁有強烈的企業文化自豪，但比起配合目標
國家調整企業文化，Google 把心思放在招募最適人選。Google
在世界各地尋找「Google 人」：也就是性格與企業文化相符
的人，不論原本居住或出生在哪個國家。

　　我也反思我在 1988 年遇過的情況。我在加州帕羅奧圖的
史倫貝謝公司（Schlumberger）工作了一年。史倫貝謝是法國
一家跨國企業，雖然在矽谷設立分部，但企業文化很明顯移植

自法國總部。所有部門主管都是外派的法國人，想出人頭地，你得學會在巴黎總部的決策體系和階級制度之間周旋。公司也開設訓練課程，教新進員工如何有效與人辯論、如何用原則優先的方法分析情境——非常典型的法國文化。

不論是 Google 或史倫貝謝，似乎都成功在世界各地保有一貫的企業文化。所以我覺得我們也做得到，心中只有一點點不安。我們會效法 Google，設法招募最適人選，不改變長時間才建立起來的企業文化，在各國挑選受我們的企業文化吸引且適應良好的人才。同時我們會仿效史倫貝謝，訓練海外分部的新進員工了解並採納 Netflix 的行事原則。

同時，我們會盡可能保持謙虛和彈性，隨營業成長微調我們的文化，向進駐的每個國家學習。

2010 年，我們展開國際拓展進程，首先在鄰國加拿大開張，一年後又進軍拉丁美洲。2012 年到 2015 年之間，我們邁開大步走進歐洲和亞太地區，在這段期間內，相繼在東京、新加坡、阿姆斯特丹和聖保羅開設了四個地區分部。接著在 2016 年，我們大膽躍向國際，一天之內在 130 個國家上線。我們的拓展非常成功，短短三年內，非美國訂閱用戶就從 4000 萬人竄升至 8800 萬人。

同樣在這三年內，Netflix 總體員工數翻升兩倍，大多數仍以美國為據點，但出身背景日漸多元。我們把包容新增至文化價值當中，藉此表明公司的成就將取決於員工多能夠反映我們的目標觀眾，以及是否能夠透過我們述說的故事反映各地員工的生活和熱忱。2018 年，我們增聘了公司第一位文化包容策略長，薇娜·麥爾斯（Verna Myers），希望協助我們認同日益多

元的員工並向他們學習。

隨著海外營業成長，員工日趨多元，我們不久就意識到，公司某些文化在世界各地也能運作無阻，我鬆了一大口氣。讓我們的美國員工如虎添翼的自由文化，很早就有跡象顯示到哪裡都能成功。有些文化稍微比較難適應沒有規則、不徵詢上級許可，自己做決定，不過一旦掌握了訣竅，他們也和加州人一樣熱愛沒有規定的自治自主。並不只有美國人喜歡主導自己的生活與工作，這點不存在文化差異。

其他有些文化則很快證實沒那麼容易向外輸出。留任測試就是早期的一個例子。我們很快就發現，公司雖然在各國都能奉行「員工表現平庸，會領到優厚資遣費」的座右銘，但美國所認定的優厚，在部分歐洲國家眼中往往顯得小氣，甚至有違反法律之虞。例如在荷蘭，法律要求資遣費金額須照員工在公司待了多久而定。所以我們也必須調整配合。現在荷蘭分部假如解雇某個待了一陣子的員工，資遣費可不只是優厚所能形容。留任測試及相關的所有要點能通用於國際，但也必須配合當地的勞動政策與法規進行調整。

除了這些很快顯現的要素，考量到 Netflix 在全球拓展之快，以及企業文化對我們的成功又如此重要，我自己也希望盡全力去了解即將進入的各個國家的文化，找出當地文化與 Netflix 文化之間的相通處與潛在的挑戰。我相信光是有此自覺，就能推動重要的討論，最終改善我們的成效。

走入文化地圖

約莫同一時間，我們人資部門一位經理借我艾琳的著作《文化地圖》，這本書提出根據行為刻度來比較本國文化與他國文化的系統，並且探討了幾個問題，例如不同國家的員工聽從主管的程度差異，不同地區的習慣有何不同，不同文化建立信任的方式有何不同，以及對 Netflix 來說最重要的一點：對於批評性的建議，全球各地的人是傾向誠實、還是講求圓融。

我針對這些刻度多讀了一些相關資料。刻度的架構是以非常大量的研究為基礎，我覺得耐用又簡單。我和高階主管團隊分享這本書，有人建議我們何不也來看看公司各地區分部所在國家的文化「地圖」，如圖表所示，把不同國家放在一起比較，再來討論我們覺得地圖透露了哪些資訊。

實作結果帶給我們很大的啟發。刻度架構為我們已經遇到的幾件事提供了強而有力的解釋，例如為什麼我們在荷蘭收到回饋的經驗，與在日本的經驗幾乎完全相反（圖表中的第二點）。我們決定召集高階主管團隊，用同一份刻度繪出我們的企業文化地圖。完成之後，就能將我們工作地區的文化與企業文化做比較。

我前面說過，季度會議之前，我會召集副總裁以上的主管召開高階主管會議。2015 年 11 月的高管會議，我們把六十名與會者分成十組，每組六人，安排兩小時討論時間，大家圍繞圓桌，利用《文化地圖》的刻度繪出我們的企業文化圖。

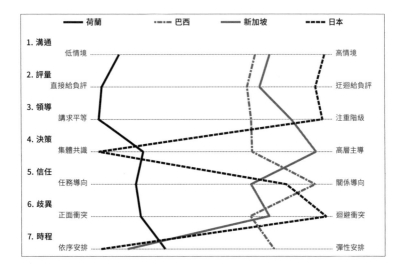

各組高階主管討論後勾勒出的企業文化有些許不同，但清楚呈現出相似的模式，從下面三張範例圖就看得出來。

第一組

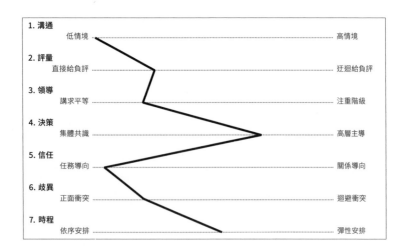

第二組

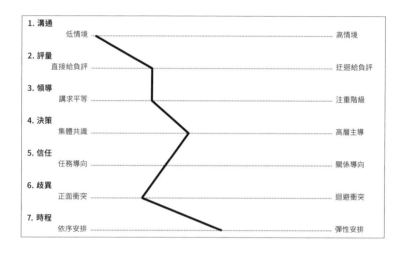

第三組

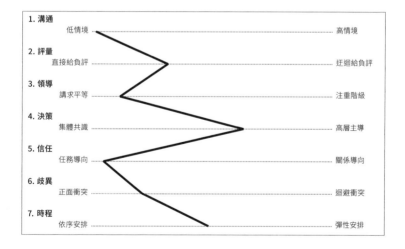

接下來，我們彙整並觀察十組繪出的圖表，統合成一張 Netflix 的企業文化地圖，看起來像這樣：

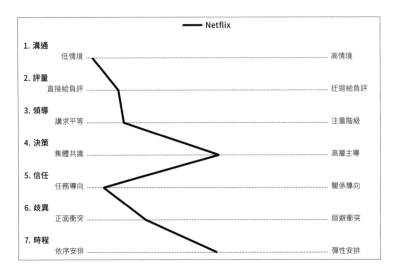

下一步，我們應用艾琳的國別繪圖工具，比較 Netflix 企業文化地圖與每一個地區分部所在國家的文化地圖。

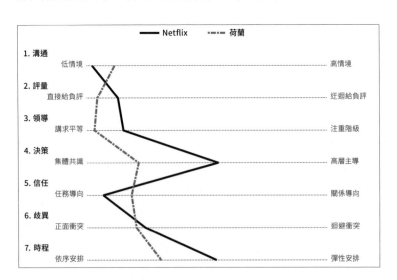

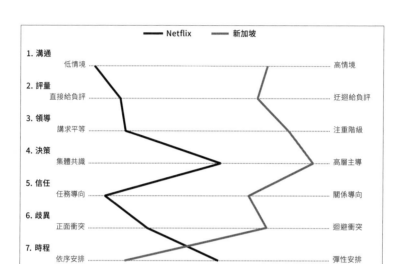

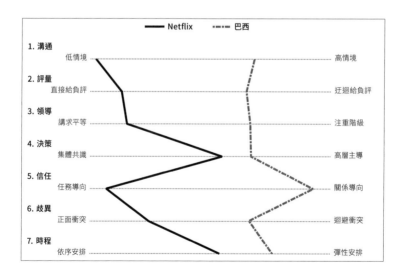

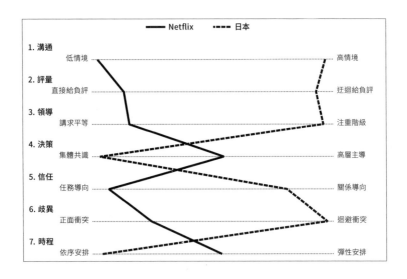

仔細檢視各張地圖，我們才明白，國外分部遇到的一些問題原來源自文化差異。比方說，相較於 Netflix 文化，荷蘭和日本在決策刻度（第四刻度）都偏向集體共識一端。這就說明了為什麼我們阿姆斯特丹和東京分部有許多員工不太能夠適應 Netflix 的掌握全盤領袖模式，因為在這個模式下，永遠會由單一個人為決策負責（見第六章）。再看到第三刻度，衡量的是服從權威的程度，Netflix 落在荷蘭右側（我們得知荷蘭是世界上比較講求平等的文化之一），但落在新加坡左側（比較注重身分階級），我們也因此明白，為什麼荷蘭員工能自在反駁主管的意見，新加坡員工則需要多點鼓勵，才敢做出與主管意見不同的決定。

第五刻度「信任」也令我們備感意外，比起我們進軍的每個國家的文化，Netflix 文化很明顯更偏向任務導向。下圖把這

個刻度放大來看,你就能看出問題所在。我們把美國的位置也放上去供有興趣的人比較。

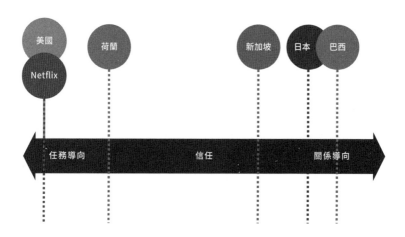

我們在 Netflix 向來強調要注意時間,守時才有效率。絕大多數會議都限定三十分鐘,我們一般認為就算是重要的主題,大多也能在半小時內討論完畢。我們盡可能待人友善而熱心,但在這次文化地圖的習作之前,我們習慣避免在無關工作的話題上浪費太多時間。公司的目標是效率和速度,不是喝咖啡聊是非。但隨著公司雇用愈來愈多來自世界各地的員工,我們發現每分每秒都應該投資於工作任務的執念,從許多方面對公司造成傷害。以下是我們在巴西最早就在的一名員工敘述的中肯實例。李奧納多‧桑巴約(Leonardo Sampaio)是拉丁美洲業務發展總監,2015 年 10 月加入 Netflix:

> 經過十多次電話和視訊面試後,我來到矽谷接受一整天的面談。人資迎接我到會議室,然後從上午九點到中午,

我和各式各樣有趣的人總共進行了六次三十分鐘面談，他們以後會是我的同事。我的行程上表定的午休時間只有三十分鐘。

在巴西，午休是與同事建立友誼的時間。每天到了這個時間，大家可以把工作先擱在一邊，互相交流認識，不用管之後必須完成的任務。午休建立的信任對團隊合作很重要。對巴西人來說，與同事的交情也讓每天來上班變得有趣。我很驚訝表定的午休竟然只有三十分鐘，也很好奇誰會來和我共度這段時間。

一個我沒見過的女生走進會議室，我站起來打招呼。這位可能就是我的午餐夥伴吧。她用友善的語氣說：「莎拉請我幫你準備一些午餐，希望你會喜歡。」袋子裡有用心準備的餐點，兩樣沙拉、一份三明治和一些水果。她問我坐得還舒服嗎，有沒有其他需要。我說沒有，她就離開了，剩我一個人默默坐著吃午餐。我現在明白對美國人而言，工作日的午餐也只是待辦任務。但是對巴西人來說，剩下自己孤伶伶地吃午餐是很駭人聽聞的事。我心裡想：「我以後的主管至少也要進來和我聊聊，問問我的心情，了解我在巴西的生活吧？」看來這就是Netflix 所謂「我們是團隊，不是一家人」的意思。

當然，我一個人也沒待太久，因為三十分鐘過得很快，下一個面談者馬上就來了。

我聽到這段故事時，心裡不太舒坦。「我們是團隊，不是一家人」的重點是堅持要求高績效，不是在強調每分每秒都要

投入工作、不要深入認識別人，或不關心一起工作的同事。多數美國人假如要面談一整天，都會很高興中午可以獨自休息三十分鐘，看看自己的筆記。但我現在知道了，對巴西面試者來說，留下他們自己吃飯只會給人沒禮貌的感覺。現在只要有巴西同事來訪，我們會記得多投資一點時間了解對方的個人生活是很重要的，我們也知道未來如果要與巴西供應商交涉，可以請巴西同仁協助我們調整建立交情的方法。

有了文化地圖攤在眼前，能幫助我們準備得更充分，成效也更好，而且不只限上述情境，其他很多重要場合也是。我們經由文化地圖習作養成的意識，有很多都引起重要討論，從而得到其實不難的解決方案。

但文化地圖所突顯的要素，不盡然都容易處理。像與誠實有關的一點，也就是文化地圖中的評量刻度，就不斷帶來各種考驗。文化地圖建立我們對文化差異的覺察，但該怎麼調解這些差異，就不是顯而易見的了。

何謂誠實直言，世界各地大不同

有過國際工作經驗的人都會告訴你，在這個國家有效的回饋，到了另一個國家不見得有用。比方說，德國主管的直言不諱，聽在美國人耳中可能覺得沒必要這麼嚴厲；美國人喜歡滔滔不絕讚美的習慣，德國人可能覺得太誇張且不真誠。

這是因為全世界不同地區的員工受其文化影響，給予建議

的方式有極大的不同。泰國主管學到的是永遠不要公開當眾批評同事，以色列學到的則是評語永遠要誠實且明確直白。哥倫比亞人養成的習慣是用好話包裝來緩和負面批評，法國人則習慣批評要熱烈，讚美要保守。Netflix 企業文化與各分部當地文化的光譜分布位置長得像這樣：

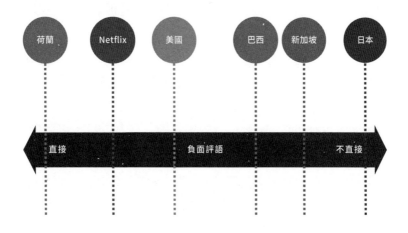

　　關於傳達批評，荷蘭是全世界首屬直接的文化，日本極不直接，新加坡是東亞數一數二直接的國家，但相較於全世界，仍偏向不直接的一方。美國平均落在中間偏左。巴西（地區差異很大）只比新加坡直接一點點。Netflix 的位置出自於 2015 年里德主持的文化地圖習作。

　　各國落在刻度上不同位置的原因之一，與提出批評使用的語言有關。比較直接的文化傾向使用語言學家所稱的「強勢語」（upgrader），即放在負面形容詞前後用於強調其程度的詞語，例如「絕對」、「完全」、「極度」──「這樣絕對不行」或「這樣完全不專業」。相反地，比較不直接的文化使用

較多「緩解語」（downgrader），這些詞語可以減輕批評的強度，例如「些許」、「有點」、「可能」、「稍微」等等。另一種形式的緩解語是刻意使用保守陳述，如「我們尚未達到目標」，但意思其實是「我們離目標根本還很遠」。

Netflix 設置分部的國家中，日本的文化最不直接，日本人提出批評時習慣使用大量緩解語。但這還不是他們用來緩和批評的唯一方法。他們批評的對象常常僅以暗示來表達，甚至幾乎沒出現在語句中。2015 年，Netflix 在日本設立分部後，主管階層希望見到明確、頻繁且經常由下對上的回饋，但他們很快就發現這對新進的日本員工來說，不僅不自然也令人很不自在。商業及法律事務副總裁約瑟芬・寇伊（Josephine Choy）想起一次經驗（她是美國人）：

> 我是東京最早期的員工之一，當時身兼公司在日本的法律總顧問，第一件職責就是要招募一個專業法律團隊。我特別找通日英雙語，而且能體現 Netflix 文化，或至少要受 Netflix 文化吸引的日本人。

徵才過程順利，但考驗很快接連浮現。最早的考驗出現在討論問題或檢討犯錯之類的艱難時刻，約瑟芬的員工看似公開討論情況，但同時句裡行間卻會巧妙略過最重要的訊息。約瑟芬解釋：

> 英語陳述句通常都是主詞接著動詞和受詞，我們很少省略主詞，否則意思就不通了。但日語的句法排列是有彈

性的。主詞、動詞和受詞全都能選擇性省略。日語可以一句話只有一個名詞。句子通常開頭先是主語，然後是敘述內容的述語，動詞放在結尾。說話者有時候假定大家都知道談論的主題，就會省略掉主語。日語的這個面向巧妙促成日本人迴避衝突的文化。因此在會議場合，你必須留意話題的情境，才聽得出是誰做了什麼。

舉例來說，假設約瑟芬的團隊中有人犯錯或是錯過期限，他們就算說英語，也會用日語的語言技巧來避免指責某人。

開會時，討論到某件事出錯了，我的屬下往往會用被動語態。他們可能會說，「資產沒創建，所以廣告才無法播出」或是「核准沒下來，所以才會發生帳款未付的意外」。他們藉此避免讓屋裡的某人尷尬，也不必公然指責對方，同時仍能維持完全公開的討論。

　　這也代表唯一不是日本人的我，三不五時就得打斷他們，搞清楚到底發生什麼事。「等等，誰沒有創建資產？是我們嗎，還是代理商？」有時候，被動句似乎也是拐彎抹角暗示是我的錯，只是沒人敢提。「等一下，是我應該核准嗎？是不是我的錯，我能怎麼改進？」

這種借重言外之意的習慣，在提出糾正、表達歧見或表述負面印象的時候最常見。間接傳達不中聽的訊息，可以維持給予回饋者與接收回饋者的和諧關係。在日本文化中，極少有人會明確說出建設性意見，尤其更不可能對主管說。約瑟芬第一

次請日本屬下對她提出建言時，就遇到困難：

> 我在東京最早任用的員工中，有一位總監層級的律師名叫美穗（Miho，譯名）。她通過最初的入職培訓之後，我安排了每週一次的一對一面談。第一次面談前，我寄了待議事項給她，最後一項就是意見回饋。一對一面談進行得很順利，直到進入最後一項。我說：「你知道Netflix有誠實回饋的文化，我就先從問問你的回饋開始吧。入職培訓過程怎麼樣，你覺得我的方法有沒有哪裡可以改進，讓我成為更稱職的管理者？」

約瑟芬在美國對數十名員工用過相同問法，但接下來發生的事出乎意料：

> 美穗看著我，眼淚忽然掉下來，不是因為害怕或憤怒，單純只是「天啊，我老闆要我給她意見。這真的發生了！」她開口說：「噢……抱歉，我居然哭了。我真的想給意見，只是不知道怎麼給。我們在日本不會像這樣對老闆提出意見。」
>
> 我決定溫和一點，先起個頭。「這一次就由我先來。我給你的建議是，往後我寄出開會議程給你，你可以加上任何你希望討論的主題。」她擦乾眼淚，然後說：「好，很有幫助的建議。我回去想想看，下一次開會我會準備好意見給妳。」

對約瑟芬來說，這次的經驗讓她開了眼界。

> 我當然知道日本人沒有美國人那麼直接，給主管回饋可
> 能又更棘手，但我沒料到會有這樣的反應。經過多次練
> 習後，美穗漸漸能在一對一面談時，對我提出明確可行
> 的建議，所以很顯然是成功了。

但事實證明，要日本員工在會議或簡報過程中，臨時給予
彼此建議，就更困難了。經過幾次試驗和錯誤，Netflix 主管學
到很重要的幾堂課，不只是在日本，在世界各地其他許多比較
不直接的文化中，也能成功推行誠實文化。

對較不直接的文化，增加提出回饋的正式場合

看見東京分部在回饋上碰到難題，人在美國的
一群高階主管自告奮勇做了一個實驗，希望鼓
勵日本員工依四大原則提出回饋意見。他們從
加州飛往日本，召開意見回饋臨床講座。日本
內容經理由香（Yuka，譯名）參加了講座，她還記得當時的
情景：

> 四位美國的 Netflix 高階主管來到東京，主持了一場如何
> 給予及接收回饋的教學講座。他們站在台上互相給予對
> 方改善意見，然後各自回應收到的意見。他們也描述了

以前收到其他美國同事嚴厲指教的故事，說明當時的心情，以及後來形成的正面影響。

　　結束時，大家紛紛禮貌鼓掌，但心裡都認為，這對我們毫無幫助。美國人用英語對另一個美國人提出建議並不太難，我們見過很多次了。我們需要看到的是日本人（最好是用日語）用合適、尊重且不傷感情的方式對另一個日本人提出建議。我們缺少的是這個環節。

後來是產品長格雷格看出一個更好的方法。格雷格娶了日本太太，日語也很流利，這也是我在 2015 年請他搬到東京設立地區分部的部分原因。他回憶當時：

我來到日本半年，儘管給予很多鼓勵，公司裡及時的回饋還是很少，所以到了 360 度評量時，我沒抱太大期望。

　　我們做了 360 度書面評量，接著做現場評量，當著團體的面對同事和主管提出誠實的建議，你可以想見那是最不日本的一種活動。但我知道日本文化也有某些面向，或許能讓團體回饋成為可能。日本人在事前準備上大多很用心，而且一絲不苟。如果設下明確的期望，他們會盡一切所能達到期望。如果你說：「請準備這件事，以下是我們會遵循的方針。」他們幾乎總是能夠勝任。

　　結果超乎預期得好。那次 360 度評量，我團隊中日本人提出的回饋，水準比前幾年團隊中的美國人更高，評語誠實而且條理分明，建議的做法都能實際執行，也沒有故意放水。接收別人回饋時，也表現出優雅和感謝。

事後，我詢問當中幾個人的想法，他們說：「你告訴我們這是工作的一部分。你也告訴我們要做什麼和該怎麼做。我們做足了準備，有的人甚至還事先預演。我們想保證自己合乎你和 Netflix 的期望。」

我們後來發現，從這次經驗獲得的教訓，不只在日本適用，在大多數不習慣直接給予負面回饋的文化也行得通。我們現在知道，要這些地方的員工臨時在非正式場合對同事和上司提出回饋，通常效果不彰。但如果多製造正式場合，把回饋排進議程裡，提供準備方向，並給予清楚的架構、提供大家參考，也能同樣有效地得到有用的回饋。

約瑟芬也從她在日本 Netflix，以及後來在巴西和新加坡領導團隊的經驗，帶回這個寶貴教訓。

現在，如果遇到 Netflix 同事在文化不像美國那麼直接的分部管理員工，我會告訴他們：「及早準備，多多練習。開會盡量把回饋排進議程，機會愈多愈好，才能消除恐懼。前幾次提出回饋時，你可以溫和地提醒幾件容易實踐的小事。與其減少正式分享回饋的場合，不如多多增加，順帶投資時間建立感情。非正式的自發性回饋不太可能經常發生，但是把回饋排進會議，給員工時間做準備，同樣能獲得無私直言的眾多好處。」

製造大量可提出回饋的正式場合，是 Netflix 主管在全球推行誠實文化時學到的第一課。第二課則是⋯⋯

學會調整作風，溝通再溝通

Netflix 拓展到日本時，約瑟芬、格雷格和其他高階主管團隊對於可能影響溝通成效的文化差異有高度警覺，他們去的時候就知道日本文化會不一樣。但 Netflix 拓展到新加坡時，文化差異不那麼明顯，高階主管也就沒那麼謹慎。很多人發現，新加坡同事英語流利，與西方人共事經驗豐富，很熟悉西方的行事作風，所以他們也沒想太多文化問題，但差異就在不知不覺間逐漸浮現。

行銷專員卡琳・王（Karlyn Wang），2017 年從 HBO Asia 加入 Netflix，她提供了一個實例：

> 我們的行政助理離職了，我暫代職務。上星期，行事曆上排定會有外部夥伴打電話聯絡我的兩個美國同事前輩。電話會議是已經離職的助理安排的，不是我。美國同事一早就起床等電話，但外部夥伴始終沒打來。
>
> 兩個美國人分別傳訊息給我，簡訊內容讓我看得很生氣，我決定已讀不回，甚至還出門散步消氣，路上不斷對自己說：放寬心胸，冷靜下來，那就是他們的說話方式。說不定他們沒意識到語氣沒禮貌。說不定他們不

曉得自己的文字會影響別人。他們都是好人，我知道他
們是好人。

　　聽卡琳述說這段故事，我不禁好奇想看這些美國人到底有
多討人厭。或許這不是文化誤會，純粹是個人的不良行為。卡
琳挖出其中一封冒犯她的簡訊：

　　卡琳，我們一早就起床等電話，但客戶都沒打來。這個
　　空檔我們原本可以用來打其他電話。能否請你以後前一
　　天先確認所有約定，取消的就從行事曆上刪掉？

　　以我美國人的眼光來看，這封簡訊不會讓我覺得沒禮貌或
不恰當。傳訊者希望協助改善公司事務，列出了問題和可行的
解決方法。她沒有責怪卡琳，只說出希望可以改變哪個行為，
而且也加上了「請」。我不知道卡琳的反應是文化使然，或單
純是她個人過度敏感。
　　因此，我把簡訊截圖給其他幾名 Netflix 新加坡員工看，
徵詢他們的看法。八個人之中有七個人認同卡琳的反應：這
封簡訊太沒禮貌。其中一人是程序化經理克里斯多佛‧劉
（Christopher Low）。
　　克里斯多佛：以新加坡人來看，這封簡訊語氣強勢，
　　有發號施令的感覺：現在情況如下，你要做這個做那
　　個。如果是我收到簡訊，我會覺得對方在大聲斥責
　　我。最不好的是這句：「這個空檔我們原本可以用來
　　打其他電話。」這句話絲毫沒必要，第一句就已經暗

示了。說出來只是徒增怪罪人的感覺。我會想：「我是犯了多大的錯，你有必要這麼不爽？」

艾琳：你覺得傳簡訊的人有表現出誠實無私嗎？

克里斯多佛：西方人大概常常覺得：「我要趕快處理這件事，確定話都講明了。我不想再多浪費一分鐘。」但新加坡人會覺得對方在罵人，沒有無私的感覺，只覺得很錯愕。

艾琳：如果想傳達相同訊息，卻不會顯得沒禮貌或冒犯人，傳簡訊的人能怎麼做？

克里斯多佛：她可以用比較個人的語氣，比如說：「嗨，我知道現在新加坡還是半夜。抱歉讓你在一天的開始就收到壞消息。」或者她可以去掉責怪，改說：「我知道不是你的錯，行程不是你安排的。」也可以別把話說得那麼像命令：「我知道你超級忙，不知道以後能不能麻煩你在這方面協助我？」加些關係取向的潤飾也有幫助，例如或許能加個笑臉符號。

克里斯多佛強調，不只是美國人需要調適：

別誤會了！我們為總部在美國的公司工作，自己也需要努力調適。新加坡人收到簡訊當下，反應或許是啞口無言或氣憤不平。但想在 Netflix 成功，我們也要調整自己的反應。我們也要提醒自己，這種行為在其他某些國家並無不妥，然後與對方展開對話。卡琳應該拿起電話，對傳簡訊給她的同事直說：「發生這樣的事，我知道你很沮喪，但是你的簡訊令我很難過。」她也可以順帶解

> 釋文化差異:「這或許是文化問題。我知道新加坡人給
> 予建議往往比較不直接,聽取建議時也比較敏感。」借
> 助開放的對話和透明的討論,我們一方面能實踐 Netflix
> 文化,同時也會愈來愈有能力,對來自全球的同事提出
> 建議及聽取回饋。

克里斯多佛給的指導濃縮了我們學到的第二堂
課。有鑑於誠實文化對 Netflix 的重要性,來自
比較不直接文化的員工必須適應誠實直白地給
予及接收回饋,雖然那可能不是他們的習慣。
這時就需要再三強調第二章所述的四大原則,也需要公開討論
文化差異,指導並支持我們的全球團隊,別把直言建議當作賞
耳光,而是一種期許你更好的方法。比方說,我們在聖保羅分
部每週固定開會討論企業文化,所有感興趣的員工皆可參與。
如何給予及接收回饋,是議程最常出現的主題。

但學習在全世界培養誠實文化不該只是單向道。與比較不
直接的文化合作時,總部的人也學會要更有自覺,盡力調整溝
通方式,讓對方覺得獲得幫助,不會只因為表達方式就遭到拒
絕。克里斯多佛給的建議很簡單,任何需要向不直接文化的同
事給予回饋的人都應該謹記在心。友善一點,多花點心思除去
責怪的表述,並且以建議的方式提供回饋,而非命令。加些關
係取向的潤飾,例如笑臉符號。這些都是我們做得到的事,能
讓我們傳達的訊息在該地區的文化情境中顯得更妥當。

總的來說,我們學到不論你來自哪裡,想要跨越文化差
異,就必須溝通再溝通。想改善對國際夥伴提出回饋的成效,

最好的一個方法就是多問問題，多對夥伴的文化表現出好奇心。如果你需要向另一個國家的夥伴提出回饋，不妨先請教同樣來自該國、你信任的同事：我的訊息聽起來會不會太強勢？在你們的文化中，怎麼做最好？我們愈是願意問、愈是表現出好奇，大家在全球各地提出及接收回饋的成效也會愈好。

不過，若想問對問題，聽懂在世界各地獲得的答案，就需要記住最後一堂跨文化的課……

凡事都是相對的

跨國際給予回饋這件事，其實就如同文化的每個面向，凡事都是相對的。日本人覺得新加坡人不需要那麼直接，美國人覺得新加坡人太隱晦，不夠透明。加入 Netflix 的新加坡人，則為美國同事的直白感到驚訝，許多荷蘭人則覺得 Netflix 內部的美國人並沒有特別直接。

Netflix 雖然希望跨越國家與民族，但企業文化多半仍持續以美國為中心。而說到給予負面回饋，美國人普遍比多數文化來得直接，但是與荷蘭文化相比卻非常不直接。2014 年加入 Netflix 阿姆斯特丹分部，任職公共政策總監的荷蘭人伊絲，說明其中的差異：

> Netflix 文化成功創造出頻繁給予可行回饋的環境。但就算在 Netflix，美國人給予回饋時，幾乎總會先稱讚你某

方面的好表現，然後才會說出真正想說的話。美國人的
觀念是，「每句壞話前務必先說三句好話」和「指出員
工做對的地方」，荷蘭人很無法理解。荷蘭人會給你正
面回饋，也會給負面回饋，但不太可能兩者一起出現在
同一段對話。

伊絲在 Netflix 很快就學到，用荷蘭文化最自然也最自在
的態度給予回饋，對合作的美國同事來說太過直率：

我的美國同事唐諾最近才搬來荷蘭，他在阿姆斯特丹主
持一場會議，有七位非 Netflix 員工的外部夥伴從歐洲各
地搭飛機或火車前來參加。會議進行得很順利。唐諾口
才很好，解釋入微，又有說服力。看得出他的準備充足。
但我不只一次看出其他與會者也想發表看法，卻都苦無
機會，因為唐諾實在太多話了。

　　會後唐諾對我說：「我覺得很順利，你認為呢？」
我覺得這正是給予誠實回饋的大好機會，Netflix 高階主
管老是鼓勵我們該這麼做，所以我就直說了：「絲汀娜
大老遠從挪威來，但你說個不停，她始終插不上話。這
些人專程搭飛機火車來，結果他們卻沒時間發言，我們
也沒聽到所有可能有益的意見。會議中有八成時間都是
你在說話，其他人幾乎沒機會說話。」

她正要繼續進入回饋的部分，給予未來可改善的實際建
議，就在這時候，唐諾做出伊絲覺得美國人很典型的反應：

我話還沒說完，他就嘆了一聲，露出垂頭喪氣的樣子。他把我的回饋想得太嚴屬了，美國人經常這樣。他說：「真是的，我很抱歉把事情搞砸。」但他並沒有「把事情搞砸」，那不是我的意思。會議很成功，他明明也知道，才會說他覺得很順利。就只有一個方面不盡理想，而我覺得讓他知道有助於進步。

美國同事讓我感到挫折的就是這種習慣。他們雖然經常給予回饋，也熱切盼望聽到回饋，但你如果開頭不先說些好話，他們就會覺得整件事一蹋糊塗。只要一有荷蘭人開口先說缺點，美國就會覺得整件事全都搞砸了，再也聽不進其他評論。

過去五年在 Netflix，伊絲學到很多對外國同事給予回饋的方法，尤其是對美國人：

現在我比較了解這些文化習慣了，還是一樣會頻繁給予回饋，不同的是我現在會謹慎考慮接收者的文化背景，想想該怎麼調整才能達到我希望的效果。對比較不直接的文化，我會先用一些輕鬆的稱讚和感謝的語句打預防針。如果整件事結果大致上是正面的，我一開始會先用熱切地語氣陳述，接著再緩和下來，提出「幾個建議」。最後總結說：「無論如何，這只是我的看法，你可以採納，也可以不予理會。」這麼費盡心思的舞步，以荷蘭人的觀點來看非常好笑……但保證能獲得希望的成效。

　　伊絲的話，總結了 Netflix 向全球拓展過程中學到的誠實文化推行策略。當你領導一支全球團隊，與來自不同文化的員工視訊對話時，依照對方的文化背景不同，你的一字一句都有可能被放大檢視，或縮小輕忽。所以你必須保持覺察，必須有策略，必須靈活變通。多給一點資訊，多用一點技巧，你可以修飾給對方的回饋，取得你需要的成效。

　　我個人很喜歡伊絲給予唐諾回饋的坦率態度。她希望可以幫忙，也清楚說明了什麼樣的行為減損了會議的成功，給的建議也能實際做到。

　　她的方法缺少的是對全球文化的敏感度，儘管她誠實敢言，但給予回饋的技巧卻導致誤解。她原想表達的是會議很順利，唐諾如果少說一點，下次還能更好。但她傳達訊息的方式讓唐諾以為會議很失敗。假如唐諾是巴西人或新加坡人，八成還會擔心下星期就不用來上班了。

　　而這就要說到⋯⋯

我們的經驗，未完待續

- - - - - - - - - - - - - - - - - - - -

　　對來自相同文化的人提出回饋，使用第二章所述的四大原則。如果給予回饋的對象來自世界各地，要再加一條原則：

- 以協助為目的
- 可實際執行
- 表達感謝

- **採納或捨棄**

加上第五條：

- **調整適應——因應合作的文化，調整表達方式和反應，以取得希望的成效。**

如何讓企業文化融入我們在全球各地與日俱增的分部，我們還有很多要學習。多數季度會議上至少會有一節關於企業文化的討論。有鑑於 Netflix 未來的成長絕大多數會在美國之外，我們也愈來愈專注於討論如何讓我們的價值觀在全球脈絡中運行。目前我們學到，想讓企業文化融入世界各地，最重要的是你必須謙虛，保有好奇心，也要記住開口之前先聆聽、教人之前先學習。有這樣的態度，身在這個前所未有之精彩的多元文化世界，你每天都會不由自主變得更有影響力。

‖ 重點回顧

- 繪出你的企業文化地圖，與拓展目標國家的文化做比較。對於自由與責任文化，誠實這一項需要多花心思注意。
- 在比較不直接的國家，多建立正式的回饋機制，多把回饋排入議程，因為非正式的意見交流不會太常發生。
- 對比較直接的文化，坦率談論文化差異，讓對方能理解回饋的本意。
- 把**調整適應**列為誠實文化的第五條原則。公開討論誠實直言在全世界不同地區代表的含意。一起努力找出雙方能如何調整，使誠實的價值得以體現。

結論

改組一支爵士樂隊吧

我小時候住在明尼亞波利斯，那裡有一座周長三英里的大湖，名為白泥湖（Bde Maka Ska，北美原住民達科他族語）。夏天酷熱難耐時，每到週六，城裡的居民就會湧進湖周圍的步道、船塢和沙灘。人雖然多，但湖區氣氛意外寧靜，因為有很多規定管理每個人的行動。行人禁止走自行車道、自行車只能順時針騎、禁止吸菸、游泳不得逾越浮標範圍、直排輪和滑板車要走自行車道，不能走人行道、慢跑只能使用人行道。人人都知道這些規定，也都嚴格遵守，造就了秩序與祥和的避風港。

如果說 Netflix 擁有自由與責任文化，那麼白泥湖代表的就是規定與程序的文化。

規定與程序文化雖然寧靜祥和，但也有一些缺點。假設你騎自行車要去的地方，逆時針騎只要一小段路，但是你不能那樣騎，你必須順時針繞過大半個湖才行。假如你想游泳到湖對

岸，中途就會被划船的救生員擋下來，原路帶回岸邊。不管你游泳技術多好，不行就是不行。這個文化的目的是帶給大眾祥和與安全，不是賦予個人自由。

「規定與程序」用於協調團體行為是再熟悉不過的典範，不必再多加解釋。從剛進幼稚園，老師要所有五歲小朋友在綠地毯上坐好，詳細說明哪些事可以做，哪些事不行，從這時你就已經開始學習規定與程序了。往後，你第一次打工，在麵店端盤子，學到上班該穿什麼顏色的襪子、制服下不能穿什麼顏色的內衣，值班時間偷吃零食會扣多少工資，你每天都在學習規定與程序。

制定規定與程序，幾世紀以來一直是協調團體行為的主要方法。但它並不是唯一方法，也並不只有 Netflix 採取不同方法。過去十九年，我住在巴黎，距離凱旋門開車只要九分鐘距離。短短開一段路，登上這座地標，視野便豁然開朗，能望見著名的香榭麗舍大道、艾菲爾鐵塔和聖心堂，但最令人印象深刻的，是凱旋門圓環道的龐大車流，中央的凱旋門被喻為「指路星」（法語：l'Etoile）。里德有時候會把自由與責任文化形容成「在混亂的邊緣運作」，倘若化為具體意象，沒有比凱旋門車陣更明瞭的了。

每一分鐘，數百輛車從周圍十二條大道匯入沒有分隔線的十線道圓環。摩托車在雙層巴士之間呼嘯穿梭。計程車剽悍地切進內線，放遊客在中心下車。汽車常常沒打方向燈就突然轉入另一條大道。儘管人車洶湧混雜，還是有一條基本原則指引所有用路人：開上圓環以後，將車道右側讓給可能從十二條大道駛入的車輛。除此之外，你只要清楚目的地，專注於目標，

善用判斷力，十之八九能飛快抵達，而且毫髮無傷。

　　第一次登上凱旋門，目睹下方的混亂時，很難看出沒有道路規則的好處。為什麼不沿圓環設立十二個號誌燈，要求車輛輪流等待？為什麼不畫車道線，限制誰什麼時候可以前進？

　　我先生艾瑞克是法國人，每天開車走凱旋門圓環將近十年。聽他說，規則號誌會拖慢所有人的速度。「凱旋門圓環很有效率，熟練的駕駛能更快從 A 點到達 B 點，」他強調，「而且這個系統提供很大的彈性。你可能開上圓環，打算從香榭麗舍大道出去，卻遠遠看到觀光巴士擋在路中間。不必慌張，你可以立刻改變路線，從佛里德蘭大街或奧什大街出去，或者你也可以在圓環多繞幾圈，等到巴士開走。幾乎沒有其他交通方法能讓你在半路上快速改變路線。」

　　到此，你已經讀過這本書了，想必看得出在領導團隊或管理公司時，你有兩個很清楚的選項：你可以選擇白泥湖的方式，用規定和程序管控員工的行為動向；也可以採行自由與責任文化，選擇速度和彈性，多賦予員工一些自由。兩種方法各有優點。開始讀這本書以前，你本來就知道如何用規定和程序管理一群人，現在你也知道如何用自由與責任做到了。

何時該用規定與程序？

近三百年來，工業革命推動了世界上多數成功的經濟體。製造業講究高產量、低錯誤的管理典範，自然也從此主宰商業管理方法。在製造

業的環境中，減少變異是你的主要目標，大多數管理方法考慮
的也是這個目的。一家公司能生產一百萬劑盤尼西林或一萬輛
汽車，全都一模一樣，沒有任何錯誤，確實是卓越的象徵。

　　或許這也是為什麼在工業時代，許多頂尖公司的運作有如
交響樂團，目標是同步、精確、完美協調，只差在指引者不是
樂譜和指揮，而是程序和規定。即使到了今天，假如你經營工
廠、管理首重安全的環境，或是想重複生產一模一樣且品質可
靠的商品，遵守規定和程序的交響樂仍是你該選擇的做法。

　　就連 Netflix 內部也有幾個單位首重安全和防範錯誤，我
們會框出一個範圍，建立小型交響樂隊，按照規定和程序精準
演奏。

　　以員工安全和性騷擾防治為例。事關保護員工不受傷害或
騷擾，我們會投入時間心力預防犯錯（輔導訓練）和諮詢熱線；
我們有牢靠的程序確保所有舉報都會經過仔細調查；我們也會
利用程序改善原則，盡力把發生率降到零。

　　同樣地，在其他犯錯會導致災難的時刻，我們也會選擇規
定和程序。一個例子是我們每一季向華爾街發布的財務資訊。
想像一下，假如我們公布財報之後，才又回頭說：「等等，我
們搞錯了。實際收入沒那麼多。」那肯定會是一場災難。另一
個例子是用戶隱私資料。萬一有人駭入系統，竊取個別用戶的
觀看資訊，然後公布在網路上？那我們可就慘了。

　　類似這些的特例中，防範錯誤很明顯比創新重要，我們也
有大量的檢查、步驟和程序來確保不會搞砸。這種時候，我們
希望 Netflix 像醫院手術房，同時有五個人確保外科醫生在對
的膝蓋上開刀。當犯錯會導致災難時，規定和程序不只是好方

法，更是必要手段。

記住這點，你可以仔細想想目標，再來決定何時該選擇自由與責任文化，何時選擇規定與程序會比較好。問自己以下幾個問題，再選出適當的做法：

- 在你身處的產業，是不是必須萬無一失才能確保員工或顧客的健康安全？是的話，選擇規定和程序。
- 如果犯錯，會釀成災禍嗎？會的話，選擇規定和程序。
- 你經營的是不是製造生產環境，需要生產一致相同的產品？是的話，選擇規定和程序。

如果你負責管急診室、檢修飛機、管理礦場，或必須為年長者及時遞送藥物，程序規定就是必要做法。幾個世紀來，這一直是多數組織採用的協調典範，往後也仍然會是最佳選擇。

但若你經營的是創意產業，創新、速度和彈性是成功關鍵，不妨考慮拋棄交響樂團，把心思改用來創造另一種音樂。

改玩爵士樂吧

即使在工業時代，也有部分產業，例如廣告經銷商，是依賴創意思考推動成功的，他們的管理方法也遊走在混亂邊緣。這一類組織過去只占經濟的一小部分，但現在隨著智慧財產權和創意服務的重要性日益成長，依賴創造和創新能力養成的產業占比高出許多，而且還會持續上升，然而多數公司遵守的仍是自工業革命以來主宰財富創造三百年之久的管理典範。

現今的資訊時代，很多公司和團隊的目標已不再是防錯和

複製生產，反而是創意、速度和靈活變通的能力。工業時代的
目標是降低變化。但在現代的創意公司，盡可能增加變化反而
才是最重要的。在這種情況下，最大的風險不是犯錯或失去一
致性，而是無法吸引頂尖人才、無法開發出新產品，或不能因
應環境變化迅速改變方向。比起帶給公司利潤，追求一致和可
複製性更有可能會壓抑創新思考。許多小失誤當下或許惱人，
但有助於公司快速學習，是創新循環的重要環節。此時，規定
和程序不再是最佳答案。你該追求的不再是交響樂，扔掉指揮
和樂譜，改組一支爵士樂隊吧。

　　爵士樂強調個人臨場發揮。樂手熟知歌曲的整體結構，但
是有即興演奏的自由，與其他人現場配合發揮，創造天馬行空
的美妙音樂。

　　當然，你也不能突然廢除規定和程序，向團隊宣布從明天
起就要變成爵士樂隊，期待他們說變就變。未滿足適當的條
件，混亂註定接踵而來。

　　現在，讀完了這本書，地圖已經在你手中。一旦你開始聽
見那美妙的樂音，更要集中注意力。文化不是建立以後就可以
擱著不管的東西，我們在 Netflix 仍不斷辯論我們的文化，希
望它能持續演進。要建立一支創新、快速又有彈性的團隊，把
控制放鬆一點。樂於接受不斷的變動。往混亂邊緣靠近一點。
別再提供樂譜、建立交響樂團了。努力創造即興爵士的情境，
聘用渴望成為即興樂隊一員的員工。待所有條件一一到位，樂
音自會美如天籟。

謝辭

在這本書中，我們探討了人才密度和誠實的價值。這本書能夠完成，其實也奠基於這兩個要素。

謝謝我們才華洋溢的夢幻團隊，首先是作者經紀人 Amanda "Binky" Urban 從最初的大綱就看出本書的潛力，指引我們寫出企劃提案與後來更多的內容。謝謝我們在 Penguin 出版社的編輯，傳說中的 Ann Godoff，始終堅定相信這個企劃，且一路帶領它從一開始到最後完成。

謝謝 David Champion 在編輯上的協助，他對書稿視如己出，常常每一章都極細心地校潤編輯好幾遍，直到書稿符合他的至高標準。謝謝 Des Dearlove 和 Stuart Crainer 在我們卡關時，大膽提出堅定而誠實的看法，說他們的誠實拯救了這本書也不為過。謝謝 Elin Williams 對最早的章節架構提出建議，後來又協助潤飾，刪除不必要的段落，協助我們保持訊息俐落明確。特別謝謝 Patty McCord，Netflix 企業文化發展的關鍵人物，付

出數十個小時為我們一再講述 Netflix 早年的故事。

更要大力感謝 Netflix 兩百多位過去和現在的員工，大方分享自己的故事，成為這本書的基礎。因為他們慷慨、直率且精彩的故事，這本書得以獲得生命。特別謝謝 Netflix 三位同仁 Richard Siklos、Bao Nguyen 和 Tawni Argent，從最初就是這個企劃不可或缺的成員。

書末感謝家人當然是經典橋段，但我有幾個家人扮演了特別活躍的角色。謝謝我媽媽 Linda Burkett 在書稿成形過程中，不厭其煩地梳理每一章的初稿，刪去冗長的句子，補上失蹤的標點符號，讓文章更通順可讀。謝謝我兩個孩子 Ethan 和 Logan 讓寫作過程中的每一天依然充滿喜悅。謝謝我先生兼事業夥伴 Eric，不只在寫書過程中給我不變的愛與支持，還投入上百個小時把每個段落讀了再讀，從頭至尾給我建議，當我的顧問。

最重要的是，謝謝這二十年來 Netflix 歷任數百位主管，為 Netflix 文化的發展做出貢獻。這本書敘述的不是我一人獨處沉思時發現的想法，而是大家經由熱烈辯論、不停探討與無止盡的試錯後共同的發現。多虧你們的創意、膽量和智謀，才有今日的 Netflix 文化。

參考資料

前言

Edmondson, Amy C. *The Fearless Organization: Creating Psychological Safety in the Workplace for Learning, Innovation, and Growth*. Hoboken, NJ: Wiley, 2019.

"Glassdoor Survey Finds Americans Forfeit Half of Their Earned Vacation/ Paid Time Of." *Glassdoor*, About Us, May 24, 2017, www.glassdoor.com/about-us/ glassdoor-survey-finds-americans-forfeit-earned-vacationpaid-time/.

"Netflix Ranks as #1 in the Reputation Institute 2019 U RepTrak 100." *Reputation Institute*, 3 Apr., 2019, www.reputationinstitute.com/about-ri/press-release/netflix-ranks-1-reputation-institute-2019-us-reptrak-100.

Stenovec, Timothy. "One Huge Reason for Netflix's Success." *HufPost*, Dec. 7, 2017, www.hufpost.com/entry/netflix-culture-deck-success_n_6763716.

第1章：有頂尖的同事，才有一流的工作環境

Felps, Will, et al. "How, When, and Why Bad Apples Spoil the Barrel: Negative Group Members and Dysfunctional Groups." *Research in Organizational Behavior* 27 (2006): 175–22

"370: Ruining It for the Rest of Us." This American Life, December 14, 2017, www.thisamericanlife.org/370/transcript

第 2 章：以正面動機，說出你的真心話

Coyle, Daniel. *The Culture Code: The Secrets of Highly Successful Groups*. New York: Bantam Books, 2018.

Edwardes, Charlotte. "Meet Netflix's Ted Sarandos, the Most Powerful Person in Hollywood." *Evening Standard*. May 9, 2019. www.standard.co.uk/tech/netflix-ted-sarandos-interview-the-crown-a4138071.html.

Goetz, Thomas. "Harnessing the Power of Feedback Loops." *Wired*. June 19, 2011. www.wired.com/2011/06/f_feedbackloop.

Zenger, Jack, and Joseph Folkman. "Your Employees Want the Negative Feedback You Hate to Give." *Harvard Business Review*. January 15, 2014. hbr.org/2014/01/your-employees-want-the-negative-feedback-you-hate-to-give.

第 3a 章：刪除休假規定

Bellis, Rich. "We Ofered Unlimited Vacation for One Year: Here's What We Learned." *Fast Company*, November 6, 2015, www.fastcompany.com/3052926/we-ofered-unlimited-vacation-for-one-year-heres-what-we-learned.

Blitstein, Ryan. "At Netflix, Vacation Time Has No Limits." *The Mercury News*. March 21, 2007. www.mercurynews.com/2007/03/21/at-netflix-vacation-time-has-no-limits.

Branson, Richard. "Why We're Letting Virgin Staf Take as Much Holiday as They Want." Virgin. April 27, 2017. www.virgin.com/richard-branson/why-were-letting-virgin-staf-take-much-holiday-they-want.

Haughton, Jermaine. " 'Unlimited Leave' : "How Do I Ensure Staf Holiday's Don't Get out of Control? June 16, 2015, www.managers.org.uk/insights/news/2015/june/unlimited-leave-how-do-i-ensure-staf-holidays-dont-get-out-of-control.

Millet, Josh. "Is Unlimited Vacation a Perk or a Pain? Herre's How to Tell." *CNBC*. September 26, 2017. www.cnbc.com/2017/09/25/is-unlimited-vacation-a-perk-or-a-pain-heres-how-to-tell.html.

第 3b 章：廢除差旅及費用規定

Pruckner, Gerald J., and Rupert Sausgruber. "Honesty on the Streets: A Field Study on Newspaper Purchasing" *Journal of the European Economic Association* 11, no. 3 (2013): 661–79.

第 4 章：拿出業界最高薪資

Ariely, Dan. "What's the Value of a Big Bonus?" *Dan Ariely* (blog). November 20, 2008. danariely.com/2008/11/20/what's- the- value- of- a- big- bonus/.

Gates, Bill quoted in chapter 6 in, Thompson, Clive. *Coders: Who They Are, What They Think and How They Are Changing Our World.* New York: Picador, 2019.

Kong, Cynthia. "Quitting Your Job." Infographic. *Robert Half* (blog). July 9, 2018. www.roberthalf.com/blog/salaries- and- skills/quitting- your- job.

Lawler, Moira. "When to Switch Jobs to Maximize Your Income." *Job Search Advice* (blog). Monster. www.monster.com/career-advice/article/switch-jobs- earn- more- 0517.

Lucht, John. *Rites of Passage at $100,000 to $1 Million+: Your Insider's Strategic Guide to Executive Job-Changing and Faster Career Progress.* New York: The Viceroy Press, 2014.

Luthi, Ben. "Does Job Hopping Increase Your Long-Term Salary?" Chime. October 4, 2018. www.chimebank.com/2018/05/07/does-job-hopping-increase-your-long-term-salary.

Sackman, H., et al. "Exploratory Experimental Studies Comparing Online and Ofine Programing Performance." *Communications of the ACM* 11, no. 1 (January 1968): 3–11. https://dl.acm.org/doi/10.1145/362851.362858.

Shotter, James, Noonan, Laura, and Ben McLannahan. "Bonuses Don't Make Bankers Work Harder, Says Deutsche's John Cryan." *CNBC*, November 25, 2015, www.cnbc.com/2015/11/25/deutsche-banks-john-cryan-says-bonuses-dont-make-bankers-work-harder-says.html.

第 5 章：把一切攤在陽光下

Aronson, Elliot, et al. "The Efect of a Pratfall on Increasing Interpersonal Attractiveness." *Psychonomic Science* 4, no. 6 (1966): 227–28.

Brown, Brené. *Daring Greatly: How the Courage to Be Vulnerable Transforms the Way We Live, Love, Parent, and Lead.* New York: Penguin Random House Audio Publishing Group, 2017.

Bruk, A., Scholl, S. G., and Bless, H. "Beautiful Mess Efect: Self- other Diferences in Evaluation of Showing Vulnerability. *Journal of Personality and Social Psychology*, 115 (2), 2018. https://doi.org/10.1037/pspa0000120.

Jasen, Georgette. "Keeping Secrets: Finding the Link Between Trust and Well-Being." *Columbia News.* February 19, 2018. https://news.columbia.edu/news/keeping-secrets- finding- link- between- trust- and- well- being.

Mukund, A., and A. Neela Radhika. "SRC Holdings: The 'Open Book' Management Culture." Curriculum Library for E ployee Ownership (CLEO). Rutgers. January 2004. https://cleo.rutgers.edu/articles/src- holdings- the- open-book-management-culture/.

Rosh, Lisa, and Lynn Ofermann. "Be Yourself, but Carefully." *Harvard Business Review*, August 18, 2014, hbr.org/2013/10/be-yourself-but-carefully.

Slepian, Michael L., et al. "The Experience of Secrecy." *Journal of Personality and Social Psychology* 113, no. 1 (2017): 1–33.

Smith, Emily Esfahani. "Your Flaws Are Probably More Attractive Than You Think They Are." *The Atlantic*. January 9, 2019. www.theatlantic.com/health/archive/2019/01/beautiful- mess- vulnerability/579892.

第 6 章：決策不必上級核准

Daly, Helen. "Black Mirror Season 4: Viewers RAGE over 'Creepy Marketing' Stunt 'Not Cool'." Express.co.uk, December 31, 2017, www.express.co.uk/showbiz/tv-radio/898625/Black-Mirror-season-4-release-Netflix-Waldo-Turkish-Viewers-RAGE-creepy-marketing-stunt.

Fingas, Jon. "Maybe Private 'Black Mirror' Messages Weren't a Good Idea, Netflix." *Engadget*, July, 18 2019, www.engadget.com/2017-12-29-maybe-private-black-mirror-messages-werent-a-good-idea-netfl.html.

Gladwell, Malcolm. *Outliers: Why Some People Succeed and Some Don't*. New York: Little Brown, 2008.

"Not Seen on SNL: Parody of the Netflix/Qwikster Apology Video." The Comic's Comic, October 3, 2011, http://thecomicscomic.com/2011/10/03/not-seen-on-snl-parody-of-the-netflixqwikster-apology-video.

第 7 章：留任測試

Eichenwald, Kurt. "Microsoft's Lost Decade." *Vanity Fair*. July 24, 2012. www.vanityfair.com/news/business/2012/08/microsoft- lost- mojo-steve- ballmer.

Kantor, Jodi, and David Streitfeld. "Inside Amazon: Wrestling Big Ideas in a Bruising Workplace." *The New York Times*, August 15, 2015, www.nytimes.com/2015/08/16/technology/inside-amazon-wrestling-big-ideas-in-a-bruising-workplace.html.

Ramachandran, Shalini, and Joe Flint. "At Netflix, Radical Transparency and Blunt Firings Unsettle the Ranks." *The Wall Street Journal*, October 25, 2018, www.wsj.com/articles/at-netflix-radical-transparency-and-b unt-firings-unsettle-theranks-1540497174.

SHRM. "Benchmarking Service." SHRM, December 2017, www.shrm.org/hr-today/trends-and-forecasting/research-and-surveys/Documents/2017-Human-Capital-Benchmarking.pdf.

The Week Staf. "Netflix's Culture of Fear." *The Week*. November 3, 2018. www.theweek.com/articles/805123/netfl - culture- fear.

第 8 章：建立回饋循環

Milne, A. A., and Ernest H. Shepard. *The House at Pooh Corner*. New York: E.P. Dutton & Company, 2018.

第 9 章：充分資訊，放心授權

Fast Company Staf. "The World's 50 Most Innovative Companies of 2018." *Fast Company*. February 20, 2018. www.fastcompany.com/most-innovative-companies/2018.

Saint-Exupéry, Antoine de, et al. *The Wisdom of the Sands*. Chicago: University of Chicago Press, 1979.

"Vitality Curve." Wikipedia, Wikimedia Foundation, November 5, 2019, en.wikipedia.org/wiki/Vitality_curve.

第 10 章：走向全世界

Meyer, Erin. *The Culture Map: Breaking through the Invisible Boundaries of Global Business*. New York: PublicAfairs, 2014.

想進一步了解本章提到的文化地圖，請參考： www.erinmeyer.com/tools.

國家圖書館出版品預行編目（CIP）資料

零規則 / 里德．海斯汀 (Reed Hastings), 艾琳．梅爾 (Erin Meyer) 著 ;
韓絜光譯 . -- 第一版 . -- 臺北市 : 天下雜誌 , 2020.10
336 面 ; 14.5×23 公分 . -- (天下財經 ; 419)
譯自 : No rules rules : netflix and the culture of reinvention
ISBN 978-986-398-610-2(平裝)
1. 組織文化　2. 組織管理
494   109013756

天下財經 419

零規則
NO RULES RULES

作　　者／里德・海斯汀（Reed Hastings）、艾琳・梅爾（Erin Meyer）
譯　　者／韓絜光
封面設計／Javick工作室
內頁排版／邱介惠
責任編輯／許　湘

發 行 人／殷允芃
出版部總編輯／吳韻儀
出 版 者／天下雜誌股份有限公司
地　　址／台北市 104 南京東路二段 139 號 11 樓
讀者服務／（02）2662-0332　傳真／（02）2662-6048
天下雜誌GROUP網址／http://www.cw.com.tw
劃撥帳號／01895001天下雜誌股份有限公司
法律顧問／台英國際商務法律事務所・羅明通律師
製版印刷／中原造像股份有限公司
總經銷／大和圖書有限公司　電話／（02）8990-2588
出版日期／2020年10月28日第一版第一次印行
　　　　　2020年11月24日第一版第四次印行
定　　價／450元

書號：BCCF0419P
ISBN：978-986-398-610-2（平裝）

天下網路書店　http://shop.cwbook.com.tw
天下雜誌我讀網　http://books.cw.com.tw/
天下讀者俱樂部 Facebook　http://www.facebook.com/cwbookclub

本書如有缺頁、破損、裝訂錯誤，請寄回本公司調換